Meerschweinchen

Cavia aparea f. porcellus

Christian Koch

Bildnachweis:
Titelbild: Rosette und Crested, Foto: I. Rezk Salama
Bild Seite 1: Satin Peruaner, Foto: C. Koch

2. Auflage 2023

ISBN: 978-3-86659-111-0

An der Kleimannbrücke 39/41
48157 Münster
www.ms-verlag.de
Geschäftsführung: Matthias Schmidt
Lektorat: Kathrin Aretz & Kriton Kunz
Layout: Tanja Bregulla & Ludger Hogeback - hohe birken
Druck: Pario Print, Krakau

Inhalt

Vorwort ... 4

Einige Anmerkungen zur Biologie ... 6
- Beschreibung ... 6
- Rassen und Farben ... 9
- Verwandtschaft ... 10
- Verbreitung und Lebensraum ... 11
- Lebensweise und Verhalten ... 11

Die Sprache der Meerschweinchen ... 13

Gesetzliche Bestimmungen ... 15

Wo bekomme ich Meerschweinchen? ... 16

Einzel-, Paar- oder Gruppenhaltung? ... 18

Vergesellschaftung ... 21

Transport und Quarantäne ... 23

Unterbringung ... 24
- Käfig oder Gehege ... 24
- Einrichtung ... 26
- Pflegearbeiten ... 30

Ernährung ... 32
- Heu ... 34
- Trockenfutter ... 35
- Grünfutter ... 36
- Wasser ... 38
- Leckereien ... 39

Gesunderhaltung ... 40
- Woran erkenne ich Erkrankungen meiner Meerschweinchen? ... 40
- Häufige Gesundheitsprobleme ... 41
- Wenn Meerschweinchen alt werden ... 42

Spiel und Spaß ... 43
- Beschäftigung ... 44
- Zähmung ... 45
- Freilauf ... 46

Nachwuchs ... 49
- Zuchtvoraussetzungen ... 50
- Aufzucht und Entwicklung der Jungtiere ... 56

Weitere Informationen ... 59

Weiterführende und verwendete Literatur ... 62

Vorwort

Auch wenn im Bereich der Nagerhaltung viele exotische Arten Einzug in die Wohnungen finden, sind es Meerschweinchen, die seit dem 15. Jahrhundert in Menschenhand gepflegt werden und bis heute auf viele Menschen einen besonderen Reiz ausüben. Gründe für die Haltung von Meerschweinchen gibt es viele: auf der einen Seite das ausgeprägte Sozialleben, die Kommunikativität und nicht zuletzt auch die relativ unproblematische Haltung, auf der anderen Seite die unbeschreiblich große Zahl verschiedener Rassen und Farben.

Da aber auch Meerschweinchen Bedürfnissen haben, auf die der Halter eingehen muss, um seinen Pfleglingen ein langes, tiergerechtes Leben zu ermöglichen, ist es mein Anliegen, Ihnen mit diesem Ratgeber Wichtiges zu Pflege, Unterbringung und Ernährung der Tiere mit auf den Weg zu geben. Mein Ziel ist es ferner, Ihnen meine Erfahrungen aus derzeit 20 Jahren Meerschweinchenhaltung näher zu bringen und vielleicht noch etwas mehr Interesse an diesen Tieren zu wecken. Dieses Buch befasst sich mit dem Hausmeerschweinchen. Auf wild lebende Verwandte oder Cuys (spezielle südamerikanische Zuchtform von Meerschweinchen, die der Fleischgewinnung im Ursprungsland dienen) wird nicht gesondert eingegangen. Dies würde den Rahmen des Buches sprengen, zumal ein Band der Reihe „Art für Art" über Cuys bereits vorliegt.

Christian Koch

Meerschweinchen sind Gruppentiere.
Foto: C. Koch

Einige Anmerkungen zur Biologie

Meerschweinchen zeigen ein ausgeprägtes Sozialverhalten. Um diese Tiere artgerecht pflegen zu können, ist es unerlässlich, sich vor Augen zu führen, wie sie in ihrem ursprünglichen Habitat leben. Auch wenn Meerschweinchen seit mehreren hundert Jahren in menschlicher Obhut gehalten werden, gibt es immer noch Gemeinsamkeiten mit ihren wild lebenden Verwandten.

Der wissenschaftliche Artname *Cavia aperea* f. *porcellus* bezeichnet übersetzt ein in Höhlen lebendes kleines Schwein. Mit Schweinen haben unsere Meerschweinchen allerdings wenig gemein, auch wenn es in vielen Sprachen Namensbestandteil der Nager ist. Die Herkunft des Namens ist nicht leicht zu erklären und bietet verschiedene Ansätze. Der wohl geläufigste ist: Den Namensbestandteil „-schweinchen“ könnten sie zum einen ihrem schweineähnlichen kompakten Bau verdanken, zum anderen ihren quiekenden Lauten, die sie gern und häufig ausstoßen. Und dass sie über das Meer nach Europa gebracht wurden, erklärt den ersten Teil des Namens.

Beschreibung

Das plump wirkende Äußere des Meerschweinchens ist eine Domestikationserscheinung. Während seine wild lebenden Verwandten einen eher stromlinienförmigen Köper besitzen, sind Hausmeerschweinchen rundlich und wiegen zwischen 800 und 1.500 g. Dies stellt eine Anpassung an ihre Lebensumstände dar. Hausmeerschweinchen erhalten das ganze Jahr über qualitativ hochwertige Nahrung und sind nicht gezwungen, zur Nahrungsaufnahme weite Strecken zurückzulegen. Es ist daher wenig verwunderlich, dass die Leibesfülle bei den Haustieren zugenommen hat. Meerschweinchen haben relativ kurze Beine mit je vier Zehen an den Vorderfüßen und drei Zehen an den Hinterpfoten. Hin und wieder kommen überzählige Zehen vor. Dies stellt aber keine Missbildung im wörtlichen Sinne dar, sondern einen evolutionären Rückschlag (Atavismus). Meerschweinchen besitzen zwei große, etwas hervorstehende Augen. Ein Farbsehen ist vorhanden, sodass die Tiere Schmackhaftes auch an der Farbe erkennen können. Insgesamt sind Meerschweinchen eher kurzsichtig und müssen sich auf andere Sinne verlassen. So ist z. B. das Gehör besser ausgebildet als beim Menschen. Auch der Geruchssinn ist sehr fein entwickelt, sodass die Tiere Leckerbissen schon riechen, bevor sie im Stall bereitliegen. Als Besonderheit

Wussten Sie schon?
Der wissenschaftliche Gattungsnahme *Cavia* wird heute in Europa synonym für Rassemeerschweinchen verwendet.

Große, klare Augen, eine trockene Nase, sauberes Fell, und das Tier zeigt Appetit. Dieses Meerschweinchen ist gesund. Foto: C. Koch

sei auf das nagetierartige Gebiss hingewiesen: Meerschweinchen besitzen je zwei Schneidezähne und vier Backenzähne im Ober- und Unterkiefer. Die Zähne wachsen lebenslang nach, sofern die Wurzel nicht beschädigt ist.

Das Meerschweinchen besitzt einen sehr langen Darm, was für Pflanzenfresser (Herbivore) nicht ungewöhnlich ist. Da Meerschweinchen in ihrem südamerikanischen Ursprungsgebiet sehr viel frisches und verdorrtes Gras als Nahrung vorfinden, hat sich der Magen-Darm-Trakt daran angepasst und kann diese karge, ballaststoffreiche Nahrung sehr gut aufschließen. Daraus resultiert, dass die Tiere einen sehr trägen Darm haben, denn Zellulose aufzuspalten, braucht Zeit. Dieser Umstand ist unbedingt in der Haltung von Hausmeerschweinchen zu berücksichtigen. Den Tieren wird vieles bei uns angeboten, was in ihrem Herkunftsgebiet nicht vorkommt und sehr leicht verdaulich ist. Fehlt

Die wichtigsten Daten des Meerschweinchens im Überblick

Gewicht	Männchen: 900–1.500 g, Weibchen: 800–1.200 g
Geburtsgewicht	54–150 g
Lebenserwartung	4–7 Jahre
Tragzeit	68 Tage (66–72)
Absetzalter	4 Wochen
Geschlechtsreife	Männchen: 6–8 Wochen Weibchen: 4 Wochen
Zuchtreife	750 g (ca. 6 Monate)
Wurfgröße	meistens 2–4, selten 1–7

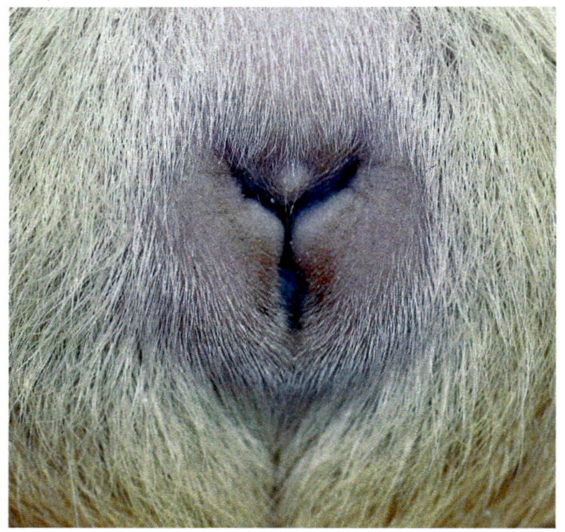

Die äußeren Geschlechtsorgane eines Weibchens ähneln einem „Y“.
Foto: C. Koch

den Tieren die lebensnotwendige ballaststoffreiche Raukost (Heu), kommen die Darmvorgänge schnell zum Erliegen.
Männchen und Weibchen unterscheiden sich nur unwesentlich im Gewicht. Ein Bock (männliches Meerschweinchen) wiegt im Durchschnitt 900–1.500 g, während ein Weibchen 800–1.200 g auf die Waage bringt. Bei beiden Geschlechtern gibt es jedoch Exemplare, die deutlich mehr bzw. weniger wiegen. Ein ausgewachsenes Tier, das weniger als 800 g wiegt, sollte sicherheitshalber von einem Tierarzt untersucht werden.
Erfahrene Halter können das Geschlecht eines Meerschweinchens am Tag seiner Geburt feststellen. Während die Genitalregion eines Weibchens eher wie ein „Y“ ausschaut, ähnelt die des Männchens einem „i“. Bei älteren Tieren ist die Geschlechtsbestimmung einfacher: Ab einem Alter von vier Wochen lässt sich bei Männchen durch leichten Druck auf den Bauch oberhalb der Geschlechtsöffnung der Penis vorlagern. Bei erwachsenen Böcken sieht man rechts und links der Genitalregion deutliche Hautwülste, unter denen Hoden liegen.
Meerschweinchen sind sozial lebende Tiere mit einer ausgesprochen differenzierten Kommunikation, an der sie auch den Besitzer teilhaben lassen. Der Halter wird oft schon zur Fütterung lautstark begrüßt. Meerschweinchen sollten aufgrund ihrer starken sozialen Bindungen zueinander niemals allein gehalten werden. Die Paarhaltung ist dem immer vorzuziehen, wenn sie auch noch nicht das Ideal darstellt.
Ob man sich dann für zwei Weibchen, zwei Böcke, eine echtes Paar oder ein Weibchen und einen kastrierten Bock entscheidet, ist fast gleichgültig. Verstehen werden sich in der Regel Tiere all dieser Kombinationen, jedoch ist zu beachten, dass bei einem echten Paar unweigerlich mit Nachwuchs zu rechnen ist, der auch immer in verantwortungsbewusste Hände vermittelt werden muss.

Die Genitalien des Männchens sehen aus wie ein „i“. Deutlich sind die Hoden rechts und links des Penis zu erkennen.
Foto: C. Koch

Rassen und Farben

Die Zuchtformen des Hausmeerschweinchens sind sehr zahlreich. Grob kann man kurz- und langhaarige Tiere voneinander abgrenzen. Hinzu kommen Merkmale wie verschiedene Lockenformen und Wirbel, die die Variationsbreite stark erhöhen und in beiden Haarlängen vorkommen. Im Folgenden stelle ich Ihnen die geläufigsten Rassen vor:

Glatthaar: Kurzes, anliegendes Fell

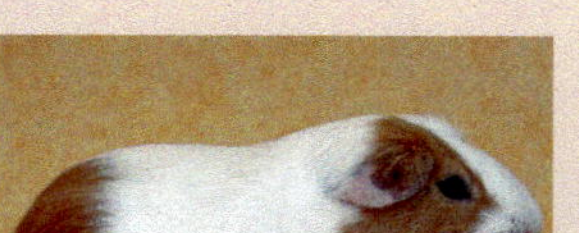

Glatthaar in Buff-Weiß

Rosette: Kurzes Fell mit Wirbeln

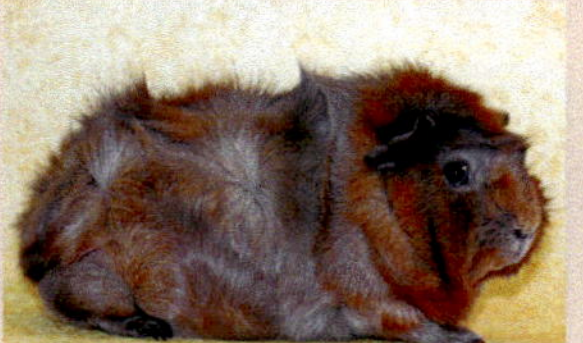

Rosette in Slate Blue-Gold

Crested: Kurzes, glattes Fell. Die Tiere tragen zwischen Ohren und Augen einen Wirbel auf der Stirn

Crested in Schildpatt-Weiß

Rex: Kurzes, krauses, aber abstehendes Haar

Rex in Buff

Teddy: Wie Rex, etwas kürzer und dichter in der Behaarung. Äußerlich nicht vom Rex zu unterscheiden.

US-Teddy in Lilac-Gold-Weiß

Sheltie: Langes, glattes Haar

Sheltie in Schildpatt-Weiß

Peruaner, Angora: Langes, glattes Haar mit Wirbeln

Peruaner in Rot-Weiß

Coronet: Wie Crested, jedoch mit langem Haar

Coronet in Rot

Texel: Wie Sheltie, jedoch mit Locken

Texel in Schildpatt-Weiß

Fotos: C. Koch

Alpaka, Mohair: Wie Peruaner, Angora, jedoch mit Locken

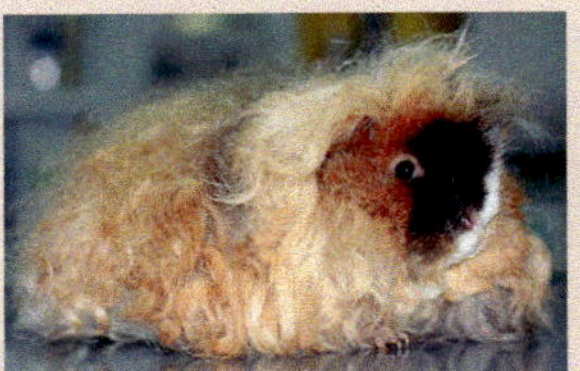

Alpaka in Schokolade-Gold-Weiß

Merino: Wie Coronet, jedoch mit Locken

Merino in Silberagouti

Lunkarya: Wie Peruaner/Angora, mit rauem, gewelltem Fell

Lunkarya in Lilac-Weiß

CH-Teddy: Halb langes, flauschiges, abstehendes Haar

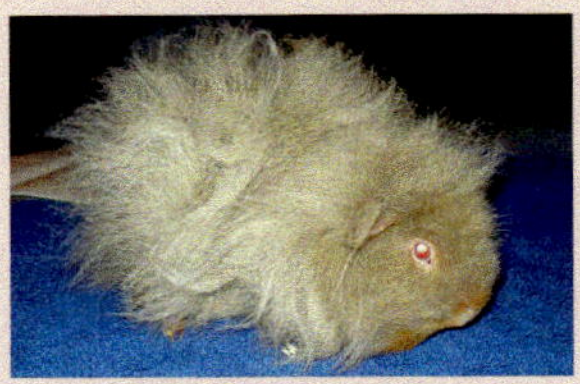

CH-Teddy in Slate Blue-Tan

Satin: Metallischer Fellglanz. In allen Strukturen möglich.

Satin Glatthaar in Cremeagouti

Mischlinge: Kreuzungen aus vorgestellten Rasse

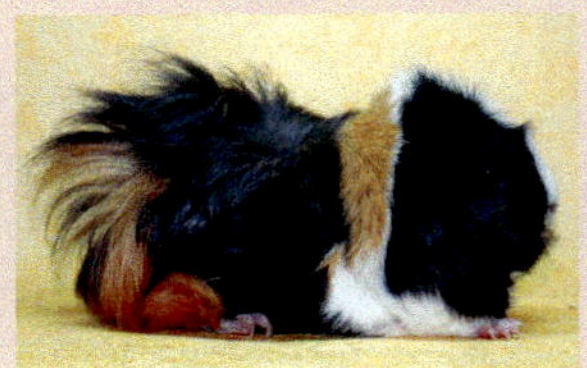

Mischling in Schildpatt-Weiß

Fotos: C. Koch

Glatthaar in Dalmatiner Schokolade

Glatthaar in Rotschimmel
Fotos: C. Koch

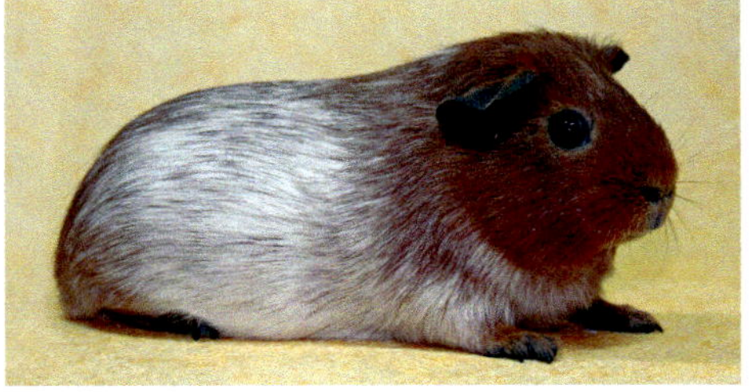

Die Farben und Zeichnungen unserer Hausmeerschweinchen sind sehr variabel. Man kennt die Farben Schwarz, Schokolade, Slate Blue, Lilac, Beige, Rot, Gold, Buff, Safran und Creme sowie Weiß. Ferner gibt es verschiedene Agouti-Kombinationen, die der Färbung der wilden Verwandten am ähnlichsten sind. Man unterscheidet ein-, zwei- und dreifarbige Meerschweinchen. Außerdem gibt es verschiedene Zeichnungen wie Holländer, Himalaya (die Siamkatzen unter den Meerschweinchen), Dalmatiner, Schimmel und viele mehr.

Verwandtschaft

Historisch wurden die Tiere nach ihren Merkmalen vergleichend eingeordnet, und so ist es nicht verwunderlich, dass Meerschweinchen in die Ordnung der Nagetiere (Rodentia) eingebunden wurden. Darin wurden die Meerschweinchenartigen einer eigenen Familie zugeordnet (Caviidae). In den fünf Gattungen dieser Familie findet sich als einzige domestizierte Form das Hausmeerschweinchen in seinen verschiedenen Rassen. Diese Einordnung wird seit Anfang der 1990er-Jahre angezweifelt. 1996 konnten italienische Wissenschaftler anhand molekulargenetischer Untersuchungen nachweisen, dass Meerschweinchen als eigenständige Ordnung geführt werden müssten. Verschiedene andere anatomische sowie physiologische Besonderheiten und Unterschiede zu Nagetieren (wie z. B. Ratte und Maus) lassen vermuten, dass Meerschweinchen nur das typische Gebiss mit ihnen gemeinsam haben.

Verbreitung und Lebensraum

Die wilden Ahnen unserer Meerschweinchen kommen aus Südamerika. In den Anden von Ecuador, Peru und Bolivien bewohnen sie Regionen von 4.200 m ü. NN. Der Boden ist sehr steinig und die Vegetation überwiegend die einer Steppenlandschaft. Das Klima ist eher rau. Während am Tag Temperaturen von bis zu 23 °C erreicht werden, sinken sie nachts zuweilen unter den Gefrierpunkt. Die Luft ist sehr rein und aufgrund der hohen Lage nahezu frei von Mikroorganismen. Meerschweinchen kommen mit diesen Bedingungen sehr gut klar und haben sich ihnen angepasst. Daraus ergibt sich auch, dass die Bedingungen in Mitteleuropa für unsere Hausmeerschweinchen nicht ganz optimal sind und viele Krankheiten auf dem unterschiedlichen Lebensraum und eine nicht angepasster Unterbringung beruhen.

Lebensweise und Verhalten

Meerschweinchen leben im Familienverband aus einem Männchen mit mehreren Weibchen und den gemeinsamen Jungen. Die Gruppengröße wird dadurch bestimmt, wie viele Weibchen der Bock gegen Konkurrenten verteidigen kann. In der Regel umfasst solch ein Harem 6–8 Tiere.

Gruppenmitglieder übernehmen auch gegenseitige Pflege wie das Säubern der Augen.
Foto: C. Koch

Fühlen sich Meerschweinchen geborgen, fressen sie auch im Liegen.
Foto: C. Koch

In menschlicher Obhut wird man diese Gruppengröße leider nur selten erreichen. Zum einen fehlt vielfach der entsprechende Platz dafür, zum anderen käme es sonst zu unkontrollierter Vermehrung. Allerdings entgeht dem Meerschweinchenhalter so die Chance, das Familienleben mit seinen zahlreichen Facetten zu beobachten. Sehr schnell stellt man fest, dass die Tiere ein ausgeprägtes Sozialverhalten haben und innerhalb der Gruppe lautstark miteinander kommunizieren. Der Tag einer Meerschweinchenfamilie besteht aus Futtersuche, Fressen und Ruhephasen. Vor allem Jungtiere einer Gruppe spielen miteinander. Lediglich in den Morgen- und Abendstunden lässt sich im Gehege ausgelassenes, fast übermütiges Springen beobachten.

Die Sprache der Meerschweinchen

Meerschweinchen kommunizieren auf sehr vielfältige Art und Weise miteinander und mit ihrem Menschen. Die Tiere verfügen über eine feine Lautsprache und eine manchmal nicht ganz so feine Körpersprache. Bei der Lautsprache ist es schwierig, alle Äußerungen eindeutigen Gemütszuständen zuzuordnen. Ziemlich sicher ist, dass Glucksen dem Zusammenhalt der Gruppe dient. Glucksende Tiere strahlen Geborgenheit und Zufriedenheit aus. Lautes, wiederholtes Quieken fordert den Halter auf, schnell Futter heranzuschaffen und ist als Betteln zu verstehen. Diese Töne kommen auch gern bei raschelnden Plastiktüten zum Einsatz und beweisen, dass Meerschweinchen schnell lernen, wo sich begehrtes Futter befinden könnte. Ein lauter, lang gezogener Pfeifton dient als Warnung vor Gefahr. Mütter und Junge kommunizieren fast pausenlos miteinander, um den Kontakt nicht zu verlieren. Gerät ein Junges ins Abseits, stößt es Laute aus, die die Mutter animieren sollen, herbeizulaufen. Viele weitere Laute stehen den Meerschweinchen zur Verfügung, wie z. B. ein vogelähnliches Zwitschern. Die Funktion dieser Lautäußerung ist bisher nicht eindeutig geklärt.
Wenn ein Meerschweinchen zwitschert, verharren in der Regel alle anderen Tiere. Erklärungsansätze gibt es viele, jedoch scheinen sie alle widerlegbar.
Die Körpersprache dient vor allem der Kontaktaufnahme und der Abwehr. Treffen zwei Tiere aufeinander, beginnen sie sich zu beschnuppern. Mögen sie sich, folgt evtl. ein kurzes Belecken der Ohren, der Augen oder ein Stupser der Nasen. Sind sie sich nicht sympathisch, kann es zu Drohgebärden wie Zähneklappern und Aufstellen des Nacken- und Rückenfells kommen, woraufhin u. a. ein Frontalangriff folgt. Der Unterlegene

Meerschweinchen sind neugierig.
Foto: C. Koch

Erste Kontaktaufnahme: Meerschweinchen beschnüffeln sich.
Foto: C. Koch

sucht das Weite, gefolgt vom dominierenden Tier, das versucht, in die Hinterhand des Gejagten zu beißen. Dieses Verhalten dient der Festlegung einer Rangordnung. Auch Aufreiten oder gegenseitiges Besteigen kann denselben Zweck verfolgen und sind nicht nur während einer Paarung zu beobachten. In bedrohlichen Situationen erstarren Meerschweinchen regelrecht. Diese Angststarre löst sich, sobald die Gefahr vorüber ist. Streicht man Meerschweinchen über den Kopf, dann beantworten sie dies mit einem starken Gegendruck als Zeichen des Protests. Vermutlich stört sie die eingeschränkte Sicht. Als Fluchttiere sind sie auf eine Rundumsicht angewiesen, um Gefahren schnell und sicher zu erkennen.

Meerschweinchen werden mindestens 4–7 Jahre alt. Sind Sie bereit, so lange für Ihre Tiere zu sorgen?

Meerschweinchen fühlen sich geborgen, wenn sie ein Dach über dem Kopf haben.
Foto: C. Koch

Gesetzliche Bestimmungen

Meerschweinchen werden seit Jahrzehnten zahlreich nachgezüchtet. Die Tiere sind domestiziert, also echte Haustiere und daher nicht mit Handelsrestriktionen bedacht. Für die Haltung von Meerschweinchen braucht man keine Papiere, Impfungen oder Gesundheitszeugnisse. Auch Vermieter können die Haltung einer kleinen Gruppe nicht verbieten, solange keine Beeinträchtigung der Mietsache oder der Mitmieter vorliegt.

Das Tierschutzgesetz (TschG) sieht zwar vor, dass der Halter eines Tieres neben Kenntnissen und Fähigkeiten über Ernährung, Verhalten und verhaltensgerechter Unterbringung seiner Pfleglinge auch die Möglichkeit besitzt, diese umzusetzen, leider gibt es derzeit aber keine Richtlinie über Mindestanforderungen zur Haltung von Meerschweinchen.

Wussten Sie schon?
Wer in der Schweiz Meerschweinchen einzeln hält, verstößt seit 2008 gegen das Tierschutzgesetz und kann zu einer Geldstrafe in Höhe von 300 Franken (ca. 188 Euro) verurteilt werden. Damit hat die Schweiz derzeit das fortschrittlichste Tierschutzgesetz in dieser Hinsicht.

Wo bekomme ich Meerschweinchen?

Bevor Sie losziehen, um sich Tiere zu kaufen, sollten Sie sich mit der Unterbringung und den Bedürfnissen Ihrer neuen Mitbewohner befassen. Nachdem Sie den richtigen Standort für den Käfig gefunden und diesen nach den in diesem Buch gelieferten Informationen eingerichtet sowie gestaltet haben, steht dem Einzug der Tiere nichts mehr im Weg.

In Zoofachgeschäften und Baumärkten mit Zooabteilung finden Sie fast immer Jungtiere, die zum Kauf angeboten werden. Die Beratung in vielen Geschäften wird allerdings wenig kompetent durchgeführt. Eine seriöse Zoohandlung erkennen Sie daran, dass Männchen und Weibchen getrennt und ohne Kaninchengesellschaft untergebracht sind. Vielfach wird mit Schildern darauf aufmerksam gemacht, dass die Tiere durch einen Tierarzt oder eine Tierärztin betreut werden. Beobachten Sie die Tiere eine Weile. Laufen sie interessiert umher oder sitzen sie mit gesträubtem Fell in einer Ecke? Ist das Fell glänzend und gepflegt, sind die Augen

Meerschweinchen sollten mindestens zu zweit gehalten werden. Foto: C. Koch

groß und klar? Dies sollte wohlgemerkt auf alle angebotenen Tiere zutreffen. Alle Meerschweinchen sollten einen gesunden Eindruck machen. Haben Sie sich ein Tier ausgesucht, lassen Sie es sich vom Fachpersonal zeigen. Sehen Sie sich vor allem die Genitalregion an, die sauber und trocken sein muss. Lassen Sie sich auch den Unterschied zwischen Männchen und Weibchen demonstrieren. Hin und wieder kommt es vor, dass jemand versucht, Ihnen ein „i“ für ein „Y“ vorzumachen.

Eine Alternative stellt der Kauf beim Züchter dar. Meerschweinchenzüchter halten die Tiere in der Regel schon einige Jahre und können sehr viel praktisches Wissen an ihre Kunden weitergeben. Ein weiterer Vorteil ist, dass Sie genaue Geburtsdaten zu Ihren Tieren bekommen und in der Regel auch Eltern und Geschwister besichtigen können. Allerdings ist beim Züchter die Auswahl in der Regel nicht so groß wie in einer Zooabteilung. Daher ist es sinnvoll, sich vorab über Rassen und Farben zu informieren, um dann einen Züchter ausfindig zu machen, der die Wunschrasse züchtet. Es kann aber auch sein, dass man auf sein Wunschmeerschweinchen etwas warten muss.

In den letzten Jahren haben sich außerdem immer mehr Meerschweinchenfreunde der Vermittlung in Not geratener Tiere verschrieben. Diese Meerschweinchen werden z. T. aus schrecklichen Situationen befreit, liebevoll aufgepäppelt und tierärztlich versorgt. Männliche Tiere werden kastriert und erst nach Genesung gegen eine geringe Schutzgebühr artgerecht vermittelt. Stellvertretend sei hier der bundesweit agierende Verein „Notmeerschweinchen.de e.V.“ genannt, dessen Kontaktadresse Sie im hinteren Bereich des Buches finden.

Des Weiteren gibt es Anzeigen in Tageszeitungen und Internet sowie Tierschauen. Hier werden oft Nachzuchten von Meerschweinchen angeboten. Doch wo Sie Ihr Tier auch kaufen, denken Sie bitte daran, dass Meerschweinchen Lebewesen sind und eine Anschaffung im Vorfeld gut überlegt werden sollte. So ist von Spontankäufen und vor allem von Mitleidskäufen dringend abzuraten. Hat man den Eindruck, dass es sich um eine nicht tiergerechte Haltung handelt, ist es sinnvoller, den Amtstierarzt davon in Kenntnis zu setzen, als die Tiere errettend zu kaufen. Verkaufte Tiere werden in solchen Geschäften nämlich schnell durch neue ersetzt.

Einzel-, Paar- oder Gruppenhaltung

Wenn Sie sich für Meerschweinchen entschieden haben, stellt sich zwangsläufig die Frage, wie vielen Tieren Sie ein Zuhause schenken wollen. Da Meerschweinchen, wie bereits erwähnt, sehr soziale Tiere sind, verbietet es sich, sie einzeln zu halten. Ein Tier, das natürlicherweise in einem Verbund von Artgenossen lebt, würde allein verkümmern. Auch Menschen oder andere Tiere (z. B. Kaninchen) stellen keinen adäquaten Ersatz dar. Kaninchen und Meerschweinchen zeigen ein völlig anderes Kommunikationsrepertoire. Die in ihren Lebensweisen sehr unterschiedlichen Tiere entwickeln sicher eine Art Zuneigung zueinander, haben sich aber letztlich „nichts zu erzählen". Aus diesen Gründen müssen generell mehrere Meerschweinchen gehalten werden. Wie viele es sind, hängt zum einen von Ihren Vorstellungen der Meerschweinchenhaltung ab, zum anderen von dem zur Verfügung stehenden Platzangebot. Die Mindestgruppengröße ist also die Paarhaltung.

Die Entscheidung für ein bestimmtes Geschlecht ist oft von Vorurteilen überlagert: Weder stinken Böcke, noch sind Weibchen immer die verträglicheren Tiere.

Eine gleichgeschlechtliche Paarhaltung – meist zwei Weibchen – hat den Vorteil, dass Sie sich keine Gedanken um unerwünschten Nachwuchs machen brauchen. In der Regel verstehen sich weibliche Tiere sehr gut miteinander. Die Gruppe kann auch jederzeit um weitere Weibchen ergänzt werden, ohne dass mit größeren Problemen zu rechnen ist. Interessanterweise treten bei Tieren in reinen Weibchengruppen aber häufiger Eierstockszysten auf, die mitunter zu beträchtlichen gesundheitlichen Problemen führen können. Es gibt Beobachtungen, wonach ein kastriertes Männchen in der Gruppe die Häufigkeit dieser Erkrankung reduzieren kann.

Auch die Haltung zweier männlicher Meerschweinchen ist meistens ohne Probleme möglich, wenn man einige grundlegende Regeln beachtet. Bei der Zusammenstellung des Bockpaares sollte darauf geachtet werden, dass zumindest eines der beiden Tiere noch nicht geschlechtsreif ist. So ist es auch möglich, einem älteren Bock einen jungen hinzuzusetzen. Die „Männer-WG" sollte aber unter keinen Umständen durch „weiblichen Besuch" gestört werden, denn wenn den Männchen der Kontakt zu weiblichen Artgenossen er-

Wussten Sie schon?
Eine Kastration fördert die Verträglichkeit zweier Böcke nicht. Wenn Sie beabsichtigen, zwei Böcke zusammenzuführen, die sich unkastriert nicht verstehen, dann wird auch die Kastration nichts daran ändern. Lassen Sie Meerschweinchenböcke nur kastrieren, wenn Sie unerwünschten Nachwuchs vermeiden möchten oder medizinische Gründe dafür sprechen.

In der Gruppe schmeckt's am besten. Foto: C. Koch

möglicht wurde, ist ein Zusammenleben mit dem Geschlechtsgenossen nicht mehr ohne weiteres möglich. Böcke beginnen dann nämlich, um das bzw. die Weibchen zu kämpfen, wie es in der Natur auch üblich ist. In einem Zimmerkäfig kann der Unterlegene sich allerdings nicht zurückziehen und könnte schwere Verletzungen davontragen. Wenn Sie dies beachten, werden Ihre zwei Meerschweinchen ein zufriedenes und glückliches Leben führen. Ein solche Kombination kann allerdings nicht ohne weiteres um ein zusätzliches Tier ergänzt werden. Es hat sich gezeigt, dass bei drei Männchen immer eines geärgert wird und eventuell sogar verkümmert. Besser ist, eine größere Bock-Gruppe zu halten. Den Tieren muss dann allerdings auch viel Platz (mehr als für eine Weibchengruppe) mit vielen Versteckmöglichkeiten geboten werden.

Die dritte Möglichkeit der Paarhaltung ist die eines Weibchens mit einem Männchen. Dies hat den Vorteil, dass Sie das Zusammenleben von Männchen und Weibchen mit all seinen Facetten beobachten können. Aber bitte bedenken Sie, dass die Tiere früh geschlechtsreif werden. Auch wenn Sie Wurfgeschwister erworben haben, hält die

Jedem sein Häuschen: Für mehrere Meerschweinchen müssen ausreichend Unterschlüpfe zur Verfügung stehen.
Foto: C. Koch

Tiere dies nicht von einer Verpaarung ab. Deshalb werden Sie sich früher oder später mit dem Gedanken anfreunden müssen, das Männchen kastrieren zu lassen. Doch keine Sorge, auch ein kastriertes Männchen ist sich seiner Rolle als „Mann im Haus" in der Regel bewusst, sofern es nicht vor Eintritt der Geschlechtsreife kastriert wurde (sog. Frühkastration).

Noch interessanter wird das Leben für Meerschweinchen in Gruppen von drei und mehr Tieren. Hier erst zeigen Meerschweinchen ihr komplexes Sozialverhalten mit den vielen unterschiedlichen Lautäußerungen. Sie werden schnell merken, wie unterschiedlich die Charaktere der Tiere sind, dass sich Freundschaften herausbilden und auch Familienzusammengehörigkeiten bestehen bleiben, sofern vorhanden. Als Ideal hat sich auch hier gezeigt, einer Weibchengruppe ein kastriertes Männchen hinzuzusetzen. Dieses Tier sollte, sofern charakterlich stark genug, die Führungsrolle übernehmen und für Ruhe sorgen, wenn es mal zu Streit kommt. Und Auseinandersetzungen werden auftreten, da sie zum Leben der Tiere dazugehören.

Vergesellschaftung

Eine Vergesellschaftung von Meerschweinchen kann aus verschiedenen Gründen notwendig werden. Zum einen, wenn Sie zwei Tiere von verschiedenen Stellen beziehen und sie zusammensetzen möchten oder Ihre Gruppe vergrößern wollen. Zum anderen, wenn Sie einem vereinsamten Tier, das den Partner verloren hat, einen neuen Weggefährten geben möchten. Eines vorweg: Vergesellschaftungen von Meerschweinchen sind prinzipiell immer möglich. Es gibt nur ganz wenige Ausnahmen, in denen davon abzuraten ist.

Bei einer Vergesellschaftung kommt es auf die jeweiligen Umstände an. Dabei müssen folgende Fragen geklärt werden:

1. Wollen Sie zwei Tiere zusammenführen oder eine Gruppe vergrößern?
2. Welches Geschlecht wird derzeit gehalten?
3. Wie groß ist die Gruppe?
4. Wie groß ist das Platzangebot?

Meerschweinchen bauen komplexe Beziehungen zueinander auf und legen ihre Rangordnungen fest. Dies ist umso komplizierter, je größer die Gruppe wird. Bei der Zusammenführung zweier Tiere sind die Verhältnisse schnell klar. Ein Exemplar wird die

Der Praxistipp
Je mehr Platz zur Verfügung steht und je größer die Gruppe ist, desto einfacher gestaltet sich die Vergesellschaftung. Doch falls eines der zu vergesellschaftenden Tiere so sehr leidet, dass es an Gewicht verliert, ist es von den anderen zu trennen und mit verträglicheren Artgenossen zusammenzuführen!

Wussten Sie schon?
Früh kastrierte Männchen (im Alter von 3–8 Wochen) übernehmen selten die Rolle eines Haremswächters. Sie fungieren in Meerschweinchengruppen dagegen oft als geschlechtslose Individuen, die sich auch aus Streitereien heraushalten.

Führung übernehmen, das andere Tier unterlegen sein. Normalerweise wird an dieser Ordnung nicht mehr gerüttelt, es sei denn, es treten äußere Einflüsse auf, die die Tiere dazu veranlassen, ihre bisherige Ordnung zu hinterfragen. Das können der Kontakt zu anderen Artgenossen sein, die eintretende Geschlechtsreife bei einem jungen Tier, eine Krankheit oder ein neues Gehege. Beim ersten Kontakt zweier Tiere, die sich bisher nicht kennen, ist von „Liebe auf den ersten Blick“ bis hin zu Verfolgung und Zurechtweisung mittels Bissen alles möglich. Die Vergesellschaftung von Jungtieren im Alter von 4–8 Wochen verläuft in der Regel ohne Probleme, da sie noch kein Revierverhalten oder Dominanzgebaren zeigen. Auch die Vergesellschaftung eines echten Paares klappt meistens ohne Komplikationen. Das Weibchen wird sich sehr schnell in die unterlegene Position begeben und sich vom Männchen dominieren lassen, sofern dieses ein ausgeprägtes entsprechendes Verhalten zeigt. Interessanterweise ist das Zusammenführen zweier adulter Weibchen oder eines erwachsenen Weibchens mit einer jüngeren Geschlechtsgenossin oft mit anfänglichen Streitereien verbunden. Erwachsene Weibchen besitzen starke Revieransprüche, die sie zu verteidigen wissen, sofern kein Bock zur Verfügung steht, der die Führungsrolle übernimmt. Ein dominantes Weibchen wird das zugesetzte weibliche Tier durch den Käfig jagen, von den Futterplätzen vertreiben und evtl. auch in die Hinterhand beißen. Dieses Verhalten kann bis zu drei Tage anhalten, legt sich dann in der Regel, kann jedoch von Zeit zu Zeit wieder aufflackern. Treffen zwei dominante Weibchen aufeinander, kommt es zum Kampf. Die Tiere stehen sich zähneklappernd, mit gesträubtem Nackenfell und durchgedrückten Beinen (dies dient der optischen Vergrößerung) gegenüber und springen sich an, um sich gegenseitig zu beißen. Hier ist es wichtig, dass den Tieren Platz angeboten wird, damit das unterlegene Exemplar sich zurückziehen kann. Meistens verläuft auch eine solch gefährlich wirkende Konfrontation ohne größere Schäden, und die Tiere arrangieren sich mit der Zeit. Die Vergesellschaftung älterer Männchen verläuft oft nicht problemlos und sollte erfahrenen Haltern vorbehalten bleiben. Geschlechtsreife Männchen tragen häufig massive Rangordnungskämpfe aus, die für den Unterlegenen in seltenen Fällen sogar tödlich enden können. In solche Streitereien greifen Sie bitte nur mit geschützten Händen ein, da die Tiere im Kampf nicht unterscheiden, wen sie beißen. Allerdings sei angemerkt, dass auch die Haltung reiner Bockgruppen mit Tieren, die z. T. zur Zucht eingesetzt werden, unter bestimmten Umständen möglich und bekannt ist.

Transport und Quarantäne

Wenn Sie Meerschweinchen erworben haben, transportieren Sie die Tiere am besten auf kürzestem Weg nach Hause. Die Tiere werden meistens in einem Pappkarton mit etwas Heu und Futter übereicht. Besser ist es, Sie schaffen sich schon vorher eine Transportbox an, z. B. einen sogenannten Pet-Caddy; im Zoohandel erhältlich. Eine solche Box benötigen Sie auch für spätere Transporte (z. B. für einen Tierarztbesuch). Die Transportkiste sollte nicht zu klein bemessen sein, auch wenn Ihre Meerschweinchen zunächst noch klein sind. Füllen Sie die Transportbox nicht mit Einstreuspänen, sondern legen sie besser ein Handtuch hinein. Das hat den Vorteil, dass die Box leichter zu reinigen ist und Kot sowie Urin bei einem eventuell anstehenden Tierarztbesuch besser beurteilt werden können.

Sind Sie Halter mehrerer Meerschweinchen, empfiehlt es sich, neue Tiere erst einmal in Quarantäne zu halten. Auch wenn Sie beim Kauf größte Sorgfalt haben walten lassen, gibt es Erkrankungen, die erst durch Stress und einen Umgebungswechsel zum Ausbruch kommen und ggf. Ihren gesamten Bestand gefährden. Die Neuankömmlinge sollten in einem gesonderten Käfig untergebracht werden, am besten in einem anderen Raum. Die Quarantänezeit sollte ca. vier Wochen betragen, damit ein Großteil möglicher Erkrankungen ausgeschlossen werden kann. Sie sollten allerdings darauf achten, dass die Tiere auch in der Quarantäne nicht allein sind. Ein Meerschweinchen, das seine Familie mit 4–6 Wochen verlassen hat und dann ganz allein gehalten wird, und sei es nur für vier Wochen, verkümmert sehr schnell und kann dadurch krank werden. Während des Zeitraums der Quarantäne füttern Sie immer zuerst die Tiere Ihres Altbestandes und erst danach die Neulinge. Wenn Sie bei Ihren neuen Meerschweinchen waren, sollten Sie es strikt vermeiden, Ihre „alten" Tiere anzufassen oder zu versorgen.

Amerikanisch Crested in Schwarz und Glatthaar in Rot
Foto: C. Koch

Im Freigehege genießen Meerschweinchen die Sonne.
Foto: C. Koch

Unterbringung

Im Zoofachhandel gibt es immer noch Käfige, die als Komplettset oder Erstausstattung für Meerschweinchen angeboten werden. Leider sind diese Modelle oft zu klein für die Haltung von zwei Meerschweinchen oder einer kleinen Gruppe. Bitte kaufen Sie nicht den günstigsten Käfig, sondern den, der den Bedürfnissen Ihrer Haustiere ein Meerschweinchenleben lang gerecht wird. Da Sie sozusagen den Lebensraum Ihrer Tiere anschaffen, wäre an dieser Stelle am falschen Ende gespart.

Innen- oder Außenhaltung?
Die meisten Meerschweinchen werden in der Wohnung gehalten. Das hat den Vorteil, dass die Bedingungen ganzjährig annähernd gleich bleibend sind. Aber auch die ganzjährige Außenhaltung ist prinzipiell möglich, wenn man einiges beachtet. Die Tiere dürfen im Sommer nicht der prallen Sonne ausgesetzt werden, da sie sehr leicht einen Hitzschlag erleiden können. Im Winter ist dafür Sorge zu tragen, dass die Tiere keinen Temperaturen unter -10 °C ausgesetzt sind. Meerschweinchen vertragen weder Zugluft noch Nässe. Im Sommer kann Frischfutter zudem leicht verderben, während es im Winter gefrieren kann und so ungenießbar wird.

Käfig oder Gehege

Es gibt sehr viele Möglichkeiten, seinen Meerschweinchen ein Zuhause zu schaffen. Möchten Sie für die Tiere einen handelsüblichen Käfig anschaffen oder lieber ein Gehege errichten? Käfige werden in Standardmaßen angeboten. Für zwei Meerschweinchen sollten Sie einen Käfig von mindestens 100 cm, besser noch 120 cm Länge einplanen. Um den Tieren Abwechslung und mehr Platz zu bieten, sollten in solchen Käfigen zusätzliche

Ebenen eingesetzt werden, die die verschiedenen Bedürfnisse der Tiere befriedigen, wie z. B. Klettern, Springen und Verstecken. Die Ebenen dienen den Meerschweinchen auch als Aussichtsplattform. Sollten Sie die Möglichkeit haben, Ihren Meerschweinchen etwas mehr Platz anbieten zu können, empfiehlt es sich, den Tieren ein Gehege zu bauen. Bei einem selbst gebauten Gehege sind Ihrer Kreativität kaum Grenzen gesetzt, und Sie haben darüber hinaus die Möglichkeit, die Grundfläche frei zu gestalten und den individuellen Gegebenheiten Ihrer Wohnung anzupassen. Sehr schön sind Gehege aus Holz. Holz ist ein leicht zu verarbeitender Werkstoff, verschafft eine angenehme Atmosphäre und ist nicht zuletzt nachwachsend und damit auch noch umweltfreundlich. Da Holz saugfähig ist, muss beachtet werden, dass es vor den Ausscheidungen der Gehegebewohner geschützt werden muss, um dauerhaft zu halten. Dafür dürfen nur gesundheitlich unbedenkliche Schutzanstriche verwendet werden.

Die Standortwahl
Der Käfig sollte zugfrei aufgestellt werden. Dies können Sie mit einer brennenden Kerze testen. Bleibt die Flamme ruhig, ist der Ort geeignet. Es empfiehlt sich auch, die Tiere etwas erhöht zu platzieren. So haben Ihre Meerschweinchen alles im Blick und erschrecken nicht so leicht, wenn jemand den Raum betritt.

Außenstall. Hier können Meerschweinchen das ganze Jahr über gehalten werden. Bei schönem Wetter ist eine Kombination mit einem Auslaufgehege möglich. Foto: C. Koch

Ansprechende Gehege sind leicht selbst gebaut.
Foto: S. Moser

Einrichtung

Bei der Wahl der Einstreu spielen verschiedene Aspekte eine Rolle. Der wichtigste ist wohl die Saugfähigkeit. Da Meerschweinchen empfindlich auf Nässe reagieren, muss die Einstreu Urin optimal aufnehmen. Ein weiteres Kriterium ist die Geruchsbindung. Geruch entsteht durch bakterielle Zersetzung der Stoffwechselendprodukte. Die Gerüche beeinflussen nicht nur Menschen, sondern auch die Tiere. Die Geruchsstoffe stellen unter Umständen sogar eine gesundheitliche Beeinträchtigung dar. Ein weiterer Punkt ist das Wohlbefinden der Tiere in ihrer Streu. Die Tiere laufen und schlafen darauf. Meerschweinchen bevorzugen weiche Streu und kuscheln sich nach der Reinigung ihrer Unterkunft genüsslich darin. Zudem darf die Einstreu nicht gesundheitsgefährdend sein, da viele Tiere ihre Einstreu auch aufnehmen. So ist z. B. Katzenstreu sehr feuchtigkeits- und geruchsbindend, aber unverdaulich und u. U. sogar giftig. Daher sollte grundsätzlich keine Katzenstreu verwendet werden.

Bewährt haben sich vor allem Säge- bzw. Einstreuspäne. Diese können gepresst erworben werden, sind sehr saugfähig und weich. Nachteile

Bodengehege können flexibel in der Wohnung aufgestellt werden.
Foto: S. Moser

finden sich in der Staubbildung und Geruchsbindung. Hanfstreu wird nachgesagt, besonders geruchsbindend zu sein. Meine Erfahrungen konnten dies allerdings nicht bestätigen. Auch die Saugfähigkeit ist eher gering und nicht besser als bei Stroheinstreu (Halme oder Pellets). Stroh saugt praktisch gar nicht und bewirkt in Verbindung mit Urin einen starken Geruch. Pellets aus Stroh sind vergleichsweise unangenehm für die Tiere und können Verletzungen der empfindlichen Sohlenhaut verursachen. Neuerdings gibt es auch Baumwolleinstreu. Diese verspricht sehr gute Saugfähigkeit und Geruchsbindung. Auch der Wohlfühlkomponente wird Rechnung getragen. Allerdings ist diese Streu für eine Meerschweinchenhaltung vergleichsweise teuer. Alle vorgestellten Produkte sind natürlich und damit gesundheitlich unbedenklich sowie verdaulich.

Neben der Einstreu gehört ein Napf für Trockenfutter zur Einrichtung Ihres Meerschweinchengeheges. Kaufen Sie am besten ein standfestes Model. Die Tiere stellen sich nämlich mit den Vorderpfoten auf den Rand und stoßen einige Gefäße dabei um. Ein separater Napf für Frischfutter ist meines Erachtens nicht notwendig, da die Tiere das

Gehege müssen strukturiert werden und den Meerschweinchen Versteckmöglichkeiten bieten.
Foto: S. Moser

Futter herausnehmen und sich zum Verzehr in eine geschützte Ecke zurückziehen. Daher kann das Futter auch gleich auf dem Gehegeboden angeboten werden. Da Heu den Tieren immer zur freien Verfügung stehen muss, erhalten die Meerschweinchen täglich eine größere Menge davon. Meerschweinchen legen sich gerne ins Heu und fressen gleichzeitig davon. Dabei wird es schnell mit Kot und Urin verschmutzt und nicht mehr oder nur sehr ungern gefressen. Damit die Tiere immer sauberes Raufutter haben, bieten Sie das Heu am besten in Raufen an. Wichtig für unsere Meerschweinchen sind auch Versteckmöglichkeiten. Da sie zu den Fluchttieren zählen, benötigen sie zum Wohlbefinden unbedingt die Möglichkeit, sich bei Gefahr verstecken zu können.

Auch wenn ihnen in der Wohnung keine Gefahr droht, gibt es Situationen, in denen die Tiere erschrecken und dann schnell einen sicheren Unterschlupf aufsuchen möchten. Der Handel bietet verschiedene Modelle an. Meist sind sie jedoch zu klein für ausgewachsene Meerschweinchen oder aus unbrauchbarem Material gefertigt. Allenfalls Kaninchenhäuser mit flachem Dach werden ihrem Platzbedarf gerecht. Bitte achten Sie darauf, dass die Häuser zwei Eingänge haben, damit die Tiere immer auch einen Fluchtweg haben, um sich bei Streitereien aus dem Weg gehen zu können. Kunststoffhäuschen verbieten sich wegen der schlechten Luftzirkulation. Ideal dagegen ist eine Weidenbrücke. Sie besteht aus Weidenzweigen, die mittels Draht miteinander verbunden sind und sich so in verschiedene Formen biegen lassen. Sie ist als Brücke oder Treppe nutzbar. Die Tiere nehmen sie auch gern als Ausguck und können zudem gefahrlos an ihnen knabbern. Ein Vorteil der oben bereits erwähnten Ebenen gegenüber geschlossenen Häuschen ist, dass Sie sich darunter versteckende Tiere beobachten können, ohne ein Häuschen anheben zu müssen. So fühlen sich die Meerschweinchen sicher, und Sie haben immer einen Blick auf die Tiere.

Weidenbrücken werden gern als Ausguck genutzt.
Foto: C. Koch

Der Praxistipp
Die Käfigunterteile verschmutzen mit der Zeit. Es kommt zu Ablagerungen, sog. Urinstein. Essigessenz oder Zitronensäure haben sich im Kampf gegen diese Ablagerungen als effektives und für die Bewohner des Heims unschädliches Mittel bewährt.

Pflegearbeiten

Meerschweinchen müssen gepflegt werden. Dazu gehören zum einen die Pflege der Tiere selbst und zum anderen die Reinigung der Meerschweinchenwohnung. Sie sollten die Käfigeinstreu ein- bis zweimal wöchentlich wechseln. Achten Sie darauf, dass die Tiere nie in feuchter Einstreu liegen müssen. Dies wäre unhygienisch. Meerschweinchen lieben es, sich ausgestreckt in frischer Streu zu aalen. Auch Futternäpfe und Trinkgefäße sollten in regelmäßigen Abständen gereinigt werden.
Die Pflege der Tiere selbst kann auch zum täglichen oder wöchentlichen Check genutzt werden. Sind die Augen groß, klar und glänzend und die Nasenlöcher frei? Ist außerdem die Atmung ruhig und ohne begleitende Geräusche, die Analregion sauber und auch das Fellkleid glänzend, dicht und frei von Verfilzungen oder Krusten, scheint das Tier gesund zu sein. Wiegen Sie die Meerschweinchen zusätzlich einmal wöchentlich und dokumentieren die Gewichtsentwicklung.
Solange ein junges Tier zunimmt oder ein erwachsenes Exemplar nicht mehr als 50 g abnimmt, ist alles in Ordnung. Andernfalls lesen Sie bitte unter „Gesunderhaltung" S. 40 weiter.
Zur Pflege gehören außerdem das Bürsten des Fells. Bei kurzhaarigen Tieren ist dies in der Regel nicht notwendig. Bei langhaarigen Tieren ist die Fellpflege ein Muss. Täglich sollten Sie das Fell auf Verschmutzungen und Verfilzungen untersuchen und diese vorsichtig entfernen. Da langhaarige Meerschweinchen eine Haarlänge von 50 cm und mehr erreichen können, empfiehlt es sich zudem, die Haare auf Bodenlänge zu kürzen.

Langhaarige Meerschweinchen brauchen besondere Pflege.
Foto: C. Koch

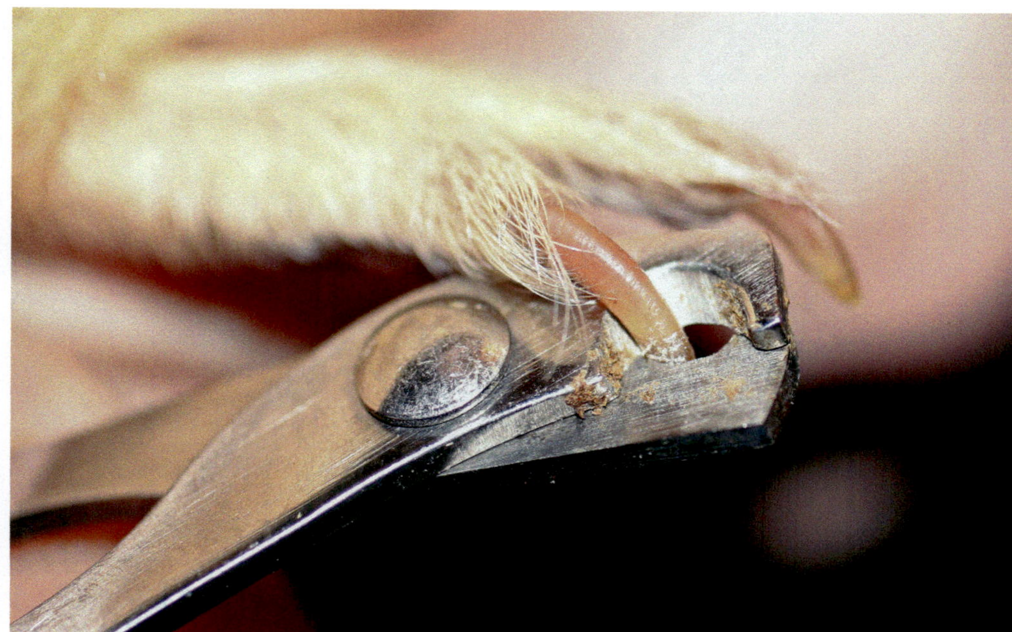

Beim Krallenschneiden sollten Sie darauf achten nicht das Gefäß zu verletzen, da dies sehr unangenehm für die Meerschweinchen ist. Foto: C. Koch

Zur Gesunderhaltung der Füße gehört die regelmäßige Pflege der Krallen. Man beginnt, wenn das Tier ca. sechs Monate alt ist. Achten Sie dabei darauf, die Krallen nicht zu kurz zu schneiden, da in jeder Kralle Blutgefäße und ein Nervenstrang verlaufen, die bei Verletzung Schmerzen verursachen können. Bei Tieren mit hellen Krallen ist dieses sog. Leben gut zu erkennen. Bei dunklen Krallen sollten Sie lieber mehr stehen lassen, als die Krallen zu kurz zu schneiden. Bewährt haben sich Krallenzangen für Katzen.

Bei männlichen Meerschweinchen sollten die Genitalien regelmäßig kontrolliert werden. Dabei ist auf Verunreinigungen des Penis und der Perinealtasche (befindet sich zwischen Anus und Penis) zu achten. Die Perinealtasche bildet ein fettiges Sekret, das der Reviermarkierung dient. Bei trägen und ruhigen Tieren kann es zu Verstopfungen kommen. Diese sind vorsichtig unter Verwendung pflegender Öle zu lösen. Achten Sie darauf, nicht mit dem Sekret in Kontakt zu kommen, da der Geruch nur schwer wegzuwaschen ist. Auch weibliche Tiere besitzen diese Perinealtasche, die bei ihnen aber nicht so stark ausgebildet ist wie bei den männlichen Artgenossen und daher seltener zu Problemen führt.

Männchen wie Weibchen besitzen zudem unterhalb des Schwanzansatzes eine Drüse, die fettiges Sekret bildet. Dieses bereitet in der Regel aber keine Probleme.

Meerschweinchen fressen gern Karotten. Foto: C. Koch

Ernährung

Meerschweinchen besitzen einen spezialisierten Magen-Darm-Trakt, dessen Eigenheiten man kennen muss, um die Ernährung artgerecht zu gestalten. Einen wichtigen Grundsatz möchte ich gleich zu Beginn nennen: Meerschweinchen sind Gewohnheitstiere. Einem Meerschweinchen geht es gut, wenn es immer dasselbe zur gleichen Zeit macht. Auf Veränderungen können die Tiere nur sehr ungenügend reagieren. Solche Situationen können zu Stress und so zu Erkrankungen führen. Diese Gewohnheiten setzen sich auch in der Ernährung fort. Im Gegensatz zur weitläufigen Meinung, dass Meerschweinchen Abwechslung bräuchten, hat sich gezeigt, dass Meerschweinchen, denen man jeden Tag die gleiche Futterzusammenstellung anbietet, gesünder sind und weniger zu Verdauungskrankheiten neigen. Das bedeutet im Umkehrschluss aber nicht, dass Meerschweinchen eintönig mit nur einer Art Futter ernährt werden sollen. Variationen des Futters sind allein schon wegen der Zusammenstellung des Bedarfs an unterschiedlichen Inhaltsstoffen wie Vitaminen, Kohlenhydraten, Proteinen, Fetten, Ballaststoffen

Wussten Sie schon?
Meerschweinchen können wie Menschen kein Vitamin C selbst bilden. Aus diesem Grund ist es notwendig, dass die Tiere mit dem Frischfutter ausreichende Mengen an Vitamin C aufnehmen, um keine Mangelerscheinungen zu bekommen.

Trächtige Meerschweinchen suchen sich gern Liegeplätze in der Nähe des Futters.
Foto: C. Koch

etc. wichtig. Wenn man nun aber jeden Tag eine Variation an Futtersorten (1–2 Gemüse- oder Obstsorten) verfüttert, bietet man auch Abwechslung, allerdings täglich die gleiche. Futterumstellungen sind aus den genannten Gründen sorgsam und mit Bedacht durchzuführen. Möchten Sie im Frühjahr damit beginnen, Grünfutter von der Wiese zu füttern, fügen Sie erst einen kleinen Teil der Futterration bei, damit sich der Magen-Darm-Trakt an die Futterumstellung gewöhnen kann. Verfüttern Sie neues, unbekanntes Futter zu schnell und zu viel, kann es zu Problemen mit der Darmflora kommen. Die Tiere können mit Durchfall oder z. T. lebensbedrohender Aufgasung (Tympanie) reagieren.

Des Weiteren ist die artgerechte Zusammenstellung der Nahrung entscheidend für die Gesunderhaltung der Zähne, die bei den Tieren ein Leben lang nachwachsen. Im Gegensatz zur weithin gängigen Meinung, Meerschweinchen benötigten viel hartes Futter, um den Zahnabrieb zu fördern, ist es viel wichtiger, dass den Tieren viel faserreiches Futter angeboten wird. Während sich die Schneidezähne beim Abbeißen gegenseitig schärfen und so abnutzen, werden die Backenzähne nur durch lange Mahlvorgänge gekürzt. Bietet man den Tieren nicht genügend faserreiches Futter an, kann es zu Erkrankungen der Zähne kommen. Mehr dazu unter „Gesunderhaltung“ S. 40.

Wussten Sie schon?
Meerschweinchen fressen einen Teil ihres Kotes. Dieser Kot wird im Blinddarm gebildet und ist reich an Vitaminen des B-Komplexes und an Vitamin K. Da diese Vitamine für Meerschweinchen lebenswichtig sind, sollten Sie die Aufnahme des Blinddarmkots unter keinen Umständen unterbinden.

Heu

Das „A und O" in der Meerschweinchenhaltung ist das Bereitstellen von qualitativ hochwertigem Heu, das Sie an der grünen Färbung und einem angenehm würzigen Geruch erkennen. Da es sich hier um das Nahrungsmittel Nr. 1 Ihrer Tiere handelt, gehen Sie bitte keine Kompromisse ein. Meerschweinchen benötigen täglich Heu zur freien Verfügung. Heu schmeckt den Meerschweinchen nicht nur gut, sondern ist auch essenziell für die Gesunderhaltung. Aber was macht dieses getrocknete Gras so wertvoll für unsere Lieblinge? Zum einen ist es der hohe Anteil an Ballaststoffen, zum anderen der geringe Nährwert. Das mag sich paradox anhören, ergibt aber Sinn. Da Meerschweinchen den ganzen Tag große Mengen Heu fressen, würden sie verfetten, wenn es auch noch sehr nahrhaft wäre. Die Tiere müssen sich, besser ihre Zähne, stark anstrengen, um diese Nahrung zu zerkleinern. So sind sie nicht nur beschäftigt, sondern die Backenzähne werden auch durch mahlende Bewegungen optimal genutzt und in Form gehalten. Die so zermahlene Nahrung wird im Magen weiter aufgeschlossen und entfaltet im Darm der Meerschweinchen ihre zweite wichtige Bedeutung. Die enthaltenden Ballaststoffe regen die Darmperistaltik (Darmbewegung) an, sodass der Nahrungsbrei weitertransportiert wird und nicht zu lange im Darm verbleibt, sodass es nicht zu Fehlgärungen mit den bekannten

Meerschweinchen fressen auch zu mehreren aus einem Napf.
Foto: C. Koch

Folgeerscheinungen führt. Weitere entscheidende Funktionen des Heus sind der Vitamingehalt und das Bereitstellen von Material für die bakterielle Fermentierung zum Gewinnen weiterer Vitamine, die mit dem Blinddarmkot (Zäkotrophe) aufgenommen werden.

Pelletfutter enthält alles, was ein Meerschweinchen braucht, sollte aber nur ergänzend angeboten werden und keinesfalls als Alleinfutter.
Foto: C. Koch

Trockenfutter

Ich bin ein Befürworter der bedarfsgerechten Ernährung mit Trockenfutter, kann aber auch die Argumente der Trockenfuttergegner nachvollziehen. Trockenfutter ist ein Gemisch aus Getreidesamen, getrockneten Pflanzenteilen und Früchten und zuweilen auch mit gefärbten Brotzusätzen versehen. Aufgrund des verwendeten Getreides besitzt Trockenfutter eine sehr hohe Energiedichte bei geringem Ballaststoffanteil und ist damit das genaue Gegenteil von unserem geschätzten Heu. Dies stellt auch das Hauptproblem dar. Meerschweinchen fressen gerne Leckeres, also nicht nur Futtermittel, die gut für sie sind. So ist es auch nicht verwunderlich, dass die Tiere selektiv Bestandteile verzehren, die tendenziell zu nahrhaft und damit zu leicht verdaulich sind. Dadurch kann beim Aufnehmen größerer Mengen die Darmflora aus dem Gleichgewicht geraten. Besser geeignet sind pelletierte Futtermittel, die auf den Erhaltungsbedarf des Meerschweinchens abgestimmt sind. Hier gibt es eine ganze Bandbreite an Herstellern, die entsprechendes Futter anbieten. Dieses Futter sieht zwar für uns langweilig aus, schmeckt den Tieren aber sehr gut. Die Vorteile liegen auf der Hand. Das Meerschweinchen kann nicht mehr selektieren und nimmt die Nährstoffe im richtigen Verhältnis auf. Da jedes Pellet wie das andere schmeckt, bleiben weniger Reste im Napf, sodass die Futtermenge, die man evtl. wegen Verunreinigungen entsorgen würde, geringer ist.

Bei Mischfutterernährung sollten Sie beachten, dass Meerschweinchen wählerisch sind und nur das fressen, was sie möchten.
Foto: C. Koch

Da Trockenfutter – ob Misch- oder Pelletfutter – immer eine hohe Energiedichte besitzt, stellt sich nun die Frage, ob Meerschweinchen es überhaupt brauchen. Die wilden Verwandten unserer Meerschweinchen fressen kaum Sämereien. Sie ernähren sich überwiegend von vertrockneten Pflanzenteilen, und nur hin und wieder (zur Saison) stehen Samen von Gräsern auf ihrem Speiseplan. Dies lässt vermuten, dass sie Trockenfutter nicht brauchen. Außerdem haben unsere Hausmeerschweinchen, die ihr Futter nicht selber besorgen müssen, keinen so hohen Energiebedarf wie wild lebende Tiere. Prinzipiell könnten Meerschweinchen ihren Erhaltungsbedarf also mit Heu und frischem Futter decken. Auf der anderen Seite müssen aber trächtige Weibchen, Exemplare im Wachstum und Tiere in Gruppenhaltung auch mehr Aktivität zeigen und Leistung erbringen. Ihnen sollten zusätzliche Kalorien geboten werden, damit stressige Situationen gemeistert werden können. In der reinen Liebhaberhaltung hat es sich bewährt, den Tieren ihr Trockenfutter rationiert anzubieten. Empfohlen werden hier Mengen von 20 g je Tier und Tag, was ca. einem Esslöffel pro Meerschweinchen entspricht.

Grünfutter

Grün- bzw. Frischfutter ist für Meerschweinchen nicht „nur" Nahrung, sondern auch Leckerbissen. Frisches Futter sollte täglich gereicht werden. Meerschweinchen fressen sowohl Obst als auch Gemüse. Allerdings sollte den Tieren mehr Gemüse als Obst angeboten werden. Der Zuckergehalt in Obst ist höher als in Gemüse, daher wird Obst gern gefressen. Aber auch hier kann ein Zuviel zu Verdauungsproblemen führen.

Obst und Gemüse gestalten den Speiseplan abwechslungsreich. Foto: C. Koch

Meerschweinchen lieben Golliwog. Diese Pflanze kann im Topf kultiviert werden und wächst schnell nach. Foto: C. Koch

Achten Sie bitte darauf, dass Sie nur so große Mengen anbieten, wie die Tiere auch tatsächlich fressen können. Futterreste werden unter Umständen verschmutzt und von den Tieren dann nicht mehr aufgenommen. Verdorbenes Futter gehört genauso wenig auf den Speiseplan unserer Meerschweinchen wie Abfälle. Reste eines Salates oder Petersilienstängel werden dagegen sehr gern genommen.

Im Frühjahr und in den Sommermonaten können Sie den Speiseplan Ihrer Meerschweinchen mit frischem Gras von ungedüngten und ungespritzten Wiesen bereichern. Aber achten Sie auch hier darauf, die Tiere langsam an das angebotene Futter zu gewöhnen, um Verdauungsproblemen vorzubeugen. Gräser vom Rand stark befahrener Straßen oder von Gebieten, die stark von Hunden frequentiert werden, eignen sich nicht zum Verfüttern. Sammeln Sie nur Pflanzen, die Sie kennen und von denen Sie wissen, dass sie ungiftig sind. Zweige von Weiden, Pappeln, Nuss- oder Obstbäumen werden gern gefressen und helfen, dem Nagebedürfnis der Meerschweinchen gerecht zu werden.

Meerschweinchen sind Vegetarier. Sie ernähren sich fast ausschließlich von pflanzlicher Kost. Tierisches Eiweiß wird nur in ganz geringem Umfang und eher zufällig aufgenommen.

Geeignetes Frischfutter

Gemüse: Karotte, Salatgurke, Paprika, Zucchini, frischer Mais (auch mit Grün), Rote Beete, Fenchel, Sellerie, Kürbis, Mangold, Spinat, Topinambur, Tomate (ohne Stilansatz), Kohlrabi, Eisbergsalat, Romanasalat, Endiviensalat, Feldsalat, Golliwog, Chicoree, Löwenzahn

Obst: Apfel, Melone, Erdbeere, Banane, Birne, Kiwi, Mandarine, Orange (Vorsicht bei stark saurem Obst. Fruchtsäuren begünstigen das Entstehen von Lippengrind!)

Wasser in Trinknäpfen sollte öfter auf Verunreinigungen kontrolliert werden.
Foto: C. Koch

Wasser

Fast alle Vorgänge im Organsystem des Meerschweinchens benötigen Wasser. Darum ist ihnen immer frisches Wasser anzubieten. Es gibt zwar Exemplare, die wenig oder gar kein Wasser aufnehmen, wenn sie mit frischem Grünfutter versorgt werden, es ihnen aber aus diesem Grund zu verweigern, wäre Tierquälerei. Wenn die Meerschweinchen Durst haben, muss es ihnen freistehen, auch Wasser aufzunehmen. Sie können es in Schalen oder Trinkflaschen anbieten. Tiere nehmen Wasser aus Schalen gern, verunreinigen es aber sehr schnell durch Einstreu, Heu etc.. Das heißt für Sie, dass Sie das Wasser mehrmals täglich kontrollieren und ggf. erneuern müssen. Eine Alternative dazu bieten die sog. Nippeltränken oder Trinkflaschen. Diese bieten ein bestimmtes Wasserreservoir, je nach Fassungsvermögen. Sie werden am Käfig befestigt, wobei das Trinkröhrchen, in den meisten Fällen verschlossen durch ein Kugelventil, auf Kopfhöhe der Meerschweinchen angebracht werden sollte. Die Tiere lernen es sehr schnell, ihr Wasser aus den Röhrchen zu bekommen. Man sollte allerdings hin und wieder die Funktion überprüfen, damit das Ventil immer frei und

Für einen Leckerbissen machen Meerschweinchen auch Männchen.
Foto: C. Koch

die Flasche nicht undicht ist. Auch das Wasser in den Trinkflaschen muss täglich erneuert werden, selbst wenn die Tiere sie nicht vollständig geleert haben. Abgestandenes Wasser kann unter Umständen verderben. Auch eine Algenbildung an den Flaschenwänden kann auftreten und sollte durch regelmäßige Reinigung unterbunden werden.

Leckereien

Meerschweinchen lieben hartes Brot. Es dient allerdings nicht, wie oft angenommen, dem Zahnabrieb und sollte höchstens sehr selten als Leckerei angeboten werden. Industriell hergestellte Leckerli wie Jogurt-Drops, Knabberstangen etc. dienen eher der Freude des Futtergebers als der Gesunderhaltung der Meerschweinchen. Daher gehören sie nicht auf den täglichen Speiseplan Ihrer Schützlinge. Als Leckerbissen besser geeignet sind – wie bereits erwähnt – Frischfutter wie Gemüse und kleine Mengen Obst.

Der Praxistipp
Meerschweinchen können nicht immer Giftiges von Ungiftigem unterscheiden. Vorsicht ist z. B. bei folgenden für Meerschweinchen giftigen Pflanzen geboten: Eibe, Efeu, grünen Teilen von Nachtschattengewächsen wie Tomate und Kartoffel. Unverträglich für Meerschweinchen sind blähende Futtermittel wie Kohl, Klee, Erbsen und Bohnen, aber auch Steinobst wie Pflaumen und Kirschen.

Meerschweinchen zeigen Erkrankungen erst spät an.
Foto: C. Koch

Gesunderhaltung

Wir wünschen uns, dass unsere Meerschweinchen ein langes und gesundes Leben haben. Leider kommt es dennoch vor, dass die Tiere einmal krank werden. Dann ist der Weg zum Tierarzt unerlässlich. Am besten erkundigen Sie sich schon vorher, wo es in Ihrer Nähe einen kleinnagerkundigen Tierarzt gibt. Sie können regelmäßige Tierarztbesuche fest einplanen, um einen fachmännischen Blick auf Ihre Schützlinge werfen zu lassen. In der Folge möchte ich Ihnen aber auch Symptome nennen, an denen Sie schnell erkennen, dass mit Ihrem Meerschweinchen etwas nicht stimmt.

Woran erkenne ich Erkrankungen meiner Meerschweinchen?

Meerschweinchen sind von Natur aus reine Fluchttiere. Das heißt, dass sie einem Angreifer gegenüber kaum etwas an Abwehrmechanismen entgegensetzen können. Das hat wiederum zur Folge, dass Meerschweinchen wenn sie krank sind, erst sehr spät erkennen lassen, dass es ihnen nicht gut geht. In der Natur hat das den Zweck, dass die Tiere nicht entdeckt oder ausgestoßen und so leichte Beute für Fressfeinde werden. In der Heimtierhaltung ist dieser Instinkt zweifellos nicht mehr

nötig, aber dennoch vorhanden. Und so signalisieren die Tiere ihrem Halter oft sehr spät, vielfach zu spät, dass etwas nicht stimmt. Als beste vorbeugende Maßnahme hat sich das wöchentliche Wiegen der Tiere erwiesen. Meerschweinchen, denen es nicht gut geht, fressen weniger und nehmen ab. Dabei ist zu beachten, dass Tiere bis zu neun Monaten relativ schnell an Gewicht zunehmen, um dann bis zu einem Alter von 18 Monaten ihr Höchstgewicht zu erreichen. Bei Gewichtsschwankungen von +/- 50 g brauchen Sie sich keine Gedanken zu machen. Nimmt ein Tier binnen sieben Tagen jedoch mehr als 50 g ab, stimmt in aller Regel etwas nicht, und Sie sollten das Tier einem Tierarzt vorstellen. Sie beginnen aber auch gleichzeitig mit dem genauen Beobachten: Frisst das Tier sein Lieblingsfutter? Frisst es dieses so schnell wie immer? Wenn Sie auffällige Kaubewegungen feststellen, schauen Sie bitte auf die Schneidezähne. Sind diese gerade und gleichmäßig, oder sehen Sie schiefe, zu lange oder abgebrochene Zähne? Dann sollten Sie sofort einen Tierarzt aufsuchen, um auch die Backenzähne kontrollieren zu lassen.
Ferner schauen Sie sich Augen, Nasenlöcher, Anogenitalregion und Füße an. Verschmutzungen und Verklebungen sind ein Hinweis auf ernste Erkrankungen. Das Gleiche gilt für Atemgeräusche, eine stark pumpende Atmung, gesträubtes Fell, Bewegungsunlust, Haarausfall, kahle Stellen und Krusten auf der Haut. Setzt das Meerschweinchen Kot und Urin ab? Macht es dabei Geräusche? Solche Beobachtungen sollten Sie ggf. stichpunktartig dokumentieren und mit Ihrem Tierarzt besprechen.

Häufige Gesundheitsprobleme

Zu den häufigsten gesundheitlichen Problemen der Meerschweinchen zählen Erkrankungen der Haut, der Zähne und des Verdauungstraktes sowie des Atmungssystems. Erkrankungen von Haut und Haar sind am einfachsten zu erkennen. Die Tiere werden z. T. von Haarausfall oder schuppig-krustigen Veränderungen der Haut geplagt. Diese führen fast immer zu Juckreiz und in Folge dessen zu blutigen Verletzungen der Haut. Bei starkem Juckreiz kann es bis hin zu epilepsieartigen Krampfanfällen kommen. Ursächlich kommen neben Parasiten wie Milben,

Haarlingen oder Flöhen auch Hautpilze oder hormonelle Erkrankungen in Frage. Während Parasiten oft schon mit dem bloßen Auge erkennbar sind, sind bei Milben, Hautpilzen, bakteriellen Hautentzündungen oder hormonellen Erkrankungen weitere Untersuchungen durch einen Tierarzt notwendig.
Wenn Ihr Meerschweinchen schlecht oder vielleicht gar nichts mehr frisst, ist das meist ein Hinweis auf eine Erkrankung des Verdauungstraktes. Eine Zahnfehlstellung, bakterielle oder parasitäre Erkrankungen können hier als Ursachen vorliegen. In jedem Fall ist bei einer Gewichtsreduktion mit eingeschränkter Nahrungsaufnahme und/oder anhaltendem Durchfall ein Tierarzt aufzusuchen, um eine geeignete Therapie einzuleiten. Sollte breiiger Kot Folge ungewohnten Futters oder einer Futterumstellung sein und das Tier ansonsten ein ungestörtes Allgemeinbefinden und Fressverhalten aufweisen, entfernen Sie das neue Nahrungsmittel und ersetzen Sie es durch Gewohntes. Auch ein Diät-Tag bei Heu, Trockenfutter und Wasser kann da schon helfen. In allen anderen Fällen ist es ratsam, nicht auf medizinische Hilfe zu verzichten.
Ein weiteres Organsystem macht unseren Meerschweinchen gerne zu schaffen: Die Atemwege. Die Meerschweinchenlunge ist an für sich nicht an unser Klima angepasst. So kann es sehr schnell zu Erkältungen bis hin zu Lungenentzündungen kommen, die unbedingt mit speziellen Medikamenten behandelt werden müssen. Bei Atemgeräuschen, Nasenausfluss und/oder schwerer Atmung ist meistens von einer schwerwiegenden Erkrankung auszugehen.

Wenn Meerschweinchen alt werden

Bei einer durchschnittlichen Lebenserwartung von 4–7 Jahren tritt im Alter ab vier Jahren auch das eine oder andere Wehwehchen auf. Ältere Meerschweinchen sind nicht mehr ganz so flink, vermeiden es zu springen und dösen mehr als früher. Oft sind diese Erscheinungen auch mit einer Gewichtsreduktion verbunden. Um therapierbare Erkrankungen von Alterserscheinungen zu unterscheiden, sollten Sie Ihren Senior von einem Tierarzt durchchecken lassen.
Wenn der Tag kommt, an dem das Meerschweinchen stirbt oder wegen einer unheilbaren Krankheit erlöst werden muss, bleibt immer mindestens ein Partnertier zurück. In größeren Gruppen wird der Verlust eines Mitgliedes nicht allzu sehr betrauert, ein einzelnes Meerschweinchen wird hingegen unter Umständen so stark trauern, dass es über den Verlust nur schwer hinwegkommt. Hier hilft letztlich nur, schnell ein neues Partnertier anzuschaffen. Es kann übrigens auch ein junges zu einem älteren Tier hinzugesetzt werden. Sie werden bemerken, wie die neue Partnerschaft wieder Leben ins Gehege bringt.

Spiel und Spaß

Meerschweinchen lieben Hängematten. Foto: C. Koch

Galt das Meerschweinchen noch vor wenigen Jahren als ideales Spiel- und Kindertier, müssen wir diese Einstellung inzwischen stark überdenken. Prinzipiell gibt es keine „Spieltiere“ und auch keine, die für Kinder im Besonderen geeignet sind. Das soll nicht heißen, dass Meerschweinchen nichts für Kinder seien. Kinder können in der Pflege der Meerschweinchen mit den Eltern gemeinsam den verantwortungsvollen Umgang mit den Tieren üben. Es ist aber von außerordentlicher Wichtigkeit, dass die Erziehungsberechtigten immer ein Auge auf die Kind-Tier-Beziehung werfen und helfend zur Seite stehen.
Meiner Meinung nach kann man mit Meerschweinchen nicht spielen. Man kann sie streicheln, zähmen und ihnen Ausläufe gestalten, in denen die eigenen Sinne geschärft und gefordert werden. Ein Meerschweinchen wird seinen Halter in der Regel allerdings nicht zum Spiel auffordern.

Leckerbissen in Futterbällen dienen dazu, die Meerschweinchen zu beschäftigen.
Foto: C. Koch

Beschäftigung

Wenn Sie sich mit Ihren Meerschweinchen beschäftigen, ist es wichtig, dass Sie sie richtig hochheben können. Kein Tier verliert gerne den sicheren Boden unter den Füßen, daher müssen Sie den Meerschweinchen diese Sicherheit beim Herausnehmen zurückgeben. Dazu stützen Sie die Tiere ab. Mit der einen Hand fassen Sie unter den Brustkorb, die andere Hand halten Sie schützend um die Hinterhand. Getragen werden die Tiere sicher am Körper. Auch hier benutzen Sie bitte beide Hände zur Absicherung des Meerschweinchens. Kinder im Alter von bis zu sechs Jahren sollten die Tiere generell nur in Anwesenheit eines Erwachsenen aus dem Käfig holen.

Aufgrund der Größe der Tiere, ihres sozialen Verhaltens und der Friedfertigkeit gegenüber dem Menschen bieten Meerschweinchen dem Halter viele Möglichkeiten, sich mit ihnen zu beschäftigen. Bei Gruppenhaltung werden sich die Tiere vermutlich eher miteinander beschäftigen als mit dem Pfleger, allerdings wird der Halter seine Freude an der Beobachtung der Tiere finden. Durch regelmäßige kleinere Veränderungen der Käfigeinrichtung wird es den Meerschweinchen nicht langweilig. Die Tiere sind immer wieder damit beschäftigt die veränderte Umgebung zu erkunden. Da Meerschweinchen den Großteil des Tages mit der Nahrungssuche und -aufnahme zubringen, können Sie sie beschäftigen und geistig fordern, indem Sie das Futter auf Ebenen oder in speziellen Futterhaltern platzieren. Sie werden schnell merken, dass es auch unter Meerschweinchen individuelle Unterschiede gibt und einige Tiere schneller lernen als andere. Halten Sie wenige Meerschweinchen in einem Zimmerkäfig, bleiben Ihnen natürlich auch Möglichkeiten zur Beschäftigung der Tiere. Sie können interessante Zimmerfreiläufe gestalten und auch hier versteckte Leckerbissen anbieten.

Meerschweinchen lieben es zu nagen, daher bieten auch frische Zweige von Bäumen (wie z. B. Obstbäume, Haselnuss, Weide) willkommene Abwechslung. Blätter und junge Triebe können an den Ästen verbleiben und werden gern gefressen, genauso wie die Baumrinde. Zweige sollten Sie allerdings nach Möglichkeit aus dem eigenen Garten nehmen oder von Bäumen, von denen Sie sicher sind, dass sie nicht mit Pestiziden o. ä. behandelt wurden.

Zähmung

Hausmeerschweinchen gehören zu den domestizierten Tieren. Sie werden seit Jahrhunderten in Menschenhand gepflegt und nachgezüchtet, sodass wir kaum von Zähmung sprechen können. Die Tiere haben ihre natürliche Scheu vor dem Menschen schon lange abgelegt. Dennoch mag es nicht jedes Meerschweinchen gleich und von Anfang an auf den Arm genommen und gestreichelt zu werden. Jungtiere besitzen noch eine natürliche Scheu und ein etwas ungestümes, zuweilen wildes Verhalten, was allerdings ganz normal und altersgemäß ist.

Beginnen Sie erst mit der Gewöhnung an die menschliche Hand, wenn die Meerschweinchen sich in ihrem neuen Zuhause eingelebt haben. Meistens schafft man sich Jungtiere an, die zuvor von Mutter und Geschwistern getrennt wurden. Lassen Sie den Tieren ein paar Tage Zeit, um ihren neuen Käfig kennen zu lernen, bevor Sie sie herausnehmen und streicheln.

Zum richtigen Umgang mit ihnen gehört auch, dass Sie ruhig und besonnen auf die Meerschweinchen eingehen. Hastige Bewegungen und

laute Geräusche sind zu vermeiden und verschrecken die Tiere eher, als dass sie Vertrauen schaffen.
Ihre anfängliche Scheu legen Meerschweinchen schnell ab, wenn ihnen Futter aus der Hand gereicht wird. Heben Sie sich daher besondere Leckerbissen auf und geben Sie sie den Tieren nur aus der Hand zum Fressen. Das schafft Nähe und baut Ängste ab. Mit der Zeit werden sich die Tiere problemlos aus dem Käfig nehmen lassen und die Streicheleinheiten genießen. Von sich aus werden sie allerdings eher selten Liebkosungen einfordern.

Freilauf

Leben Ihre Meerschweinchen in einem Wohnungskäfig, freuen sie sich ganz besonders über Freilaufmöglichkeiten in der Wohnung oder im Garten. Beim Freilauf werden Sie schnell feststellen, dass Meerschweinchen sehr flink sind. Fühlen sie sich im Auslauf wohl, werden sie neugierig die Umgebung erkunden. Anfangs sitzen die meisten Tiere noch etwas verängstigt im Auslauf und suchen eine Möglichkeit, sich zu verstecken. In einer Gruppe ist aber immer ein Tier dabei, das mutig voranschreitet, um die Umgebung zu erkunden, und die Rudelmitglieder werden ihm bald folgen. Bei weiteren Ausflügen im Freilauf werden die Tiere zusehends mutiger. Wenn Sie den Meerschweinchen einen strukturierten Auslauf mit Versteckmöglichkeiten bieten, werden sie bald freudig durchs Zimmer laufen. Auch Leckerbissen lassen die Scheu vor Neuem schnell verfliegen. Meerschweinchen werden allerdings nur in seltenen Fällen stubenrein. Kot wird praktisch überall abgesetzt, wo die Tiere sich aufhalten. Aufgrund der trockenen Beschaffenheit stellt dies aber selten ein hygienisches Problem dar. Die Kotbohnen können nach dem Auslauf schnell zusammengefegt werden.

Verfüttern Sie Leckerbissen aus der Hand, das schafft Vertrauen. Foto: C. Koch

Beim Zimmerauslauf müssen Gefahrenquellen gesichert werden. Foto: C. Koch

Mit dem Urin ist es schwieriger. Laufen Ihre Meerschweinchen auf saugfähigem Untergrund, wie z. B. Teppich, ist damit zu rechnen, dass es zu dauerhaften Schäden an den Textilien kommt. Sie können den Tieren auch Nagertoiletten anbieten. Manche Meerschweinchen nutzen sie, andere nicht. Am ehesten setzen die Tiere Urin in ihrem eigenen Käfig ab. Sofern möglich, sollte der Käfig daher so in den Auslauf integriert werden, dass die Tiere ihn selbstständig aufsuchen und verlassen können.

Bei schönem Wetter freuen sich Meerschweinchen auch über einen Freilauf im Garten. Zu diesem Zweck hält der Zoohandel verschiedene Freigehege bereit, die auf der Rassenfläche verankert werden und einen kurzfristigen Aufenthalt im Freien gestatten. Bei Bedarf kann man die Tiere mit dem Gehege auf dem Rasen versetzen. Tiere im Gartenauslauf sollten aber nie unbeaufsichtigt sein. Sie sollten darauf achten, dass sie nicht ausbrechen können. Bedenken Sie: Wo der Kopf eines Meerschweinchens durchpasst, passt auch das ganze Tier hindurch! Zum Schutz vor Raubtieren wie Katzen, Greifvögeln und Krähen sollten die Tiere von oben durch ein Netz geschützt werden. Fressfeinde wie z. B. Füchse werden davon allerdings

Vorsicht, Gefahren in der Wohnung!
Achten sie auf ihre **Schritte und Tritte**, um die Meerschweinchen nicht versehentlich zu verletzen. Meerschweinchen können unvorhersehbare Wege einschlagen und sind dann u. U. schnell verletzt.
Offene Türen können, wenn sie unachtsam geschlossen werden oder bei Luftzug zuschlagen, die Tiere einquetschen.
Stromkabel können tödliche Verletzungen verursachen, wenn die Tiere hineinbeißen.
Hunde und Katzen können Meerschweinchen als Beute ansehen. Daher sollten sie während des Freilaufs von den Meerschweinchen fern gehalten werden.

Gefahren beim Freilauf im Garten
Meerschweinchen sind vor direkter Sonneneinstrahlung zu schützen. Sehr schnell erleiden sie einen lebensbedrohenden Hitzschlag – ein Schattenspender muss also immer vorhanden sein. Für Raubtiere sind Meerschweinchen ein gefundenes Fressen. Daher sollten Sie die Tiere niemals unbeaufsichtigt oder über Nacht in einem ungesicherten Auslauf lassen.

nicht abgeschreckt. Daher sollten Sie immer in der Nähe Ihrer Tiere bleiben. In den Auslauf gehören ferner ein Unterschlupf und eine Trinkflasche. Futter benötigen sie hier erst einmal nicht, dafür dient das frische, ungedüngte Gras.
Wenn Sie den Tieren ganztägigen Gartenauslauf anbieten möchten, müssen Sie ein vor Raubtieren sicheres Gehege mit Schutzhaus planen. Die beschriebenen Ausläufe sind dafür nicht geeignet.

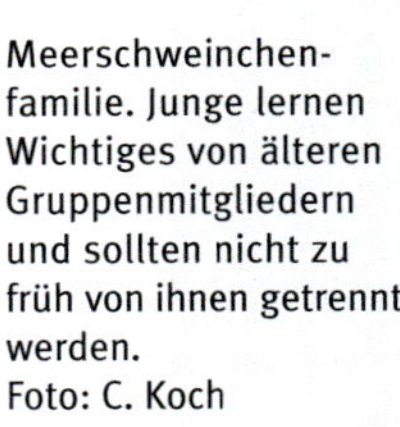

Meerschweinchenfamilie. Junge lernen Wichtiges von älteren Gruppenmitgliedern und sollten nicht zu früh von ihnen getrennt werden.
Foto: C. Koch

Nachwuchs

Vielfach wird der Wunsch geäußert, dass die eigenen Meerschweinchen einmal Junge bekommen sollen. Ein solches Erlebnis ist natürlich unvergesslich. Allerdings ist es notwendig, dass Sie sich vor einer Verpaarung ein paar wichtige Fragen stellen und die Voraussetzungen überprüfen. Es muss schließlich alles stimmen, damit Paarung, Trächtigkeit, Geburt und Jungenaufzucht harmonisch und komplikationsfrei ablaufen und dieses Erlebnis in schöner Erinnerung bleibt.

Eine der wichtigsten Fragen ist die nach dem Verbleib der Jungen. Ein Meerschweinchenweibchen bringt in der Regel 2–6 Junge zur Welt. Haben Sie so viele Abnehmer, die dem Nachwuchs ein artgerechtes Leben bieten können? Weiblichen Nachwuchs können Sie meistens schnell vermitteln. Aber was machen Sie, wenn Sie sechs Böcke bekommen? Dann ist die Vermittlung zwar nicht unmöglich, aber mit viel Aufklärungsarbeit verbunden. Möchten Sie, dass es ein einmaliges Erlebnis bleibt, oder planen Sie regelmäßigen Meerschweinchennachwuchs? Bei einer einmaligen Trächtigkeit Ihres Weibchens empfiehlt es sich, das Männchen ca. 6–8 Wochen vor der erwarteten Geburt (bzw. sobald Sie bemerken, dass das Weibchen trächtig ist) kastrieren zu lassen. Dies hat den Vorteil, dass der Bock bereits zum Zeitpunkt der Geburt unfruchtbar ist (sechs Wochen nach Kastration) und Sie die Harmonie im Familienverband von Anfang an beobachten können. Andernfalls sollte der Bock abgetrennt werden, da das Muttertier direkt nach der Geburt erneut trächtig werden könnte und 68 Tage später den nächsten Wurf zur Welt bringen würde.

Zuchtvoraussetzungen

Meerschweinchen werden schon sehr früh geschlechtsreif, Weibchen mit vier, Männchen mit 6–8 Wochen. Allerdings sollten so junge Meerschweinchen noch nicht verpaart werden. Besser ist es, die Tiere im Alter von sechs Monaten bzw. wenn das Weibchen ein Gewicht von 750 g hat, zusammenzuführen. Das Weibchen ist dann körperlich so weit entwickelt, dass es die Strapazen einer Trächtigkeit normalerweise ohne Probleme übersteht. Und Männchen sind mit sechs Monaten charakterlich so stark, dass sie sich einem Weibchen gegenüber durchsetzen und es erfolgreich decken können. Haben Sie die Tiere zusammengeführt, wird das Männchen alsbald mit dem Werbeverhalten beginnen. Das Weibchen wird nun je nach Charakter und Zyklusstand abwehrend, zuweilen mit den Zähnen klappernd, drohen oder den neuen Partner dulden und sich unterwerfen. Männchen können das ganze Jahr über für Nachwuchs sorgen, während Weibchen nur alle 12–14 Tage aufnahmebereit sind.
Vor der Paarung wirbt das Männchen um seine Auserwählte. Hierbei macht es wiegende Schritte und kreisförmige Bewegungen um das Weibchen. Dabei versucht der Bock immer wieder, Kontakt mit der Genitalregion des Weibchens aufzunehmen. Anfänglich wehrt das Weibchen den Bock mit quiekenden Lauten ab und bespritzt ihn mit Harn. Dieser Urin wird wiederum vom Bock auf den Hormongehalt geprüft, der einem erfahrenen Tier signalisiert, in welchem Zyklusabschnitt das Weibchen sich befindet. Ist das Weibchen paarungsbereit, wird es die Annäherungsversuche des Männchens nicht weiter abwehren. Es bleibt stehen und drückt seinen Rücken durch, wodurch die Genitalregion freigelegt wird. Der Bock prüft das weibliche Genital und reitet auf. Der eigentliche Paarungsakt dauert weniger als eine Minute, wird dafür aber mehrmals wiederholt. Am Ende der Paarung wird der Scheideneingang des Weibchens mit einem Schleimpfropfen verschlossen. Dies soll zum einen verhindern, dass Sperma wieder ausfließt, zum anderen, dass ein anderer Bock sein Erbgut weitergibt.
Nach erfolgter Paarung beginnen beide Partner sich ausgiebig zu putzen und auszuruhen. Die Trächtigkeit dauert 66–72 Tage. Junge, die

Meerschweinchen am 70. Trächtigkeitstag. Die Gewichtszunahme während der Trächtigkeit kann 50 % und mehr des Eigengewichts betragen. Foto: C. Koch

vor dem 66. und nach dem 72. Tag zur Welt kommen, sind in der Regel nicht lebensfähig oder Totgeburten.
Die Geburt selbst kündigt sich nicht sonderlich an. Meerschweinchen bringen sehr große, vollkommen behaarte Junge zur Welt (Nestflüchter). Das Muttertier baut zuvor kein Nest und zeigt außer der gestiegenen Leibesfülle keine Veränderungen. Stress sollte in den letzten Tagen der Trächtigkeit vermieden werden. Das Muttertier ist nur noch zum Käfigsäubern und gesichert mit beiden Händen aus dem Stall zu heben. Die Jungtierbewegungen sind deutlich zu sehen. Ab und an springt die Mutter auf, wenn die Jungen sie unglücklich getreten haben. Ca. 7–14 Tage vor der Geburt beginnt die Dehnung der Schambeinfuge, damit der Nachwuchs komplikationslos auf die Welt gelangen kann. Eingeleitet wird die Geburt durch ein Absenken des Bauches. War er bis hierhin noch prall, sinkt er nun nach unten, wird etwas

weicher, und die Lendenwirbelsäule tritt leicht hervor. Kurze Zeit vor der Niederkunft beginnt der weibliche Geschlechtsapparat sich vorzubereiten. Vaginaler Schleim wird abgesondert, und auch Milch ist bei dem einen oder anderen Tier schon in die Milchdrüsen eingeschossen. Nun dauert es nicht mehr lange, bis die Presswehen einsetzen und die Jungen zur Welt kommen. Die meisten Geburten finden übrigens in den Morgen- und Abendstunden statt. Sollten Sie das Glück haben, die Geburt miterleben zu dürfen, ist es wichtig, das Muttertier nicht zu stören, sich still zu verhalten und das Geschehen mit etwas Abstand

Das Muttertier leckt das eben geborene Junge trocken.
Foto: C. Koch

zu beobachten. Besser noch ist es, den Raum zu verlassen und vielleicht alle 30 Minuten nachzuschauen, wie weit die Geburt vorangeschritten ist. Die Mutter gebärt ihre Jungen sitzend. Mit den Zähnen öffnet sie die Eihaut und zieht die Jungen unter sich hervor. Bei Meerschweinchen ist es übrigens nicht von Bedeutung, ob sie mit dem Kopf oder mit dem Steiß zuerst geboren werden. Viele Junge kommen mit dem Hinterteil voran auf die Welt. Während das erste Junge von der Mutter trocken geleckt wird und unter quietschenden Lauten zu verstehen gibt, dass alles in Ordnung ist, kündigt sich durch erneutes

Zusammenziehen des Bauches schon das nächste Jungtier an. Sobald die Frucht aus der Scheide schaut, wird die Mutter wiederum die Eihaut öffnen und das Junge von den Fruchthüllen befreien. Eine Meerschweinchengeburt dauert insgesamt ca. 30 Minuten bis eine Stunde – je nach Anzahl der Jungtiere. Die Geburt verläuft in der Regel relativ unblutig, sofern keine Komplikationen auftreten. Bei Komplikationen wie starken Blutungen, Wehen über mehrere Stunden, ohne dass der Nachwuchs auf die Welt kommt, oder apathisch werdenden Muttertieren ist umgehend ein Tierarzt aufzusuchen.

Geburtsgewichte von über 100 g sind keine Seltenheit. So große Jungtiere können jedoch nur auf die Welt gelangen, wenn das Becken entsprechende Dimensionen hat. Dies ist beim Meerschweinchen durch einen in der Natur einzigartigen Trick möglich. Wie bei anderen Tieren auch werden die Beckenbänder zum Ende der Trächtigkeit hin weicher und ermöglichen eine passive Beweglichkeit. Beim Meerschweinchen ist zudem das Schambein mittig nicht verwachsen, sondern durch eine bandartige Masse verbunden, die durch hormonellen Einfluss aufweicht und so den Beckendurchmesser deutlich erhöhen kann. Allerdings verringert sich diese Mobilität mit steigendem Alter, weshalb darauf geachtet werden muss, dass die Meerschweinchen den ersten Wurf bis zu einem Alter von einem Jahr hatten. Auch Pausen von mehr als zehn Monaten zwischen den Würfen sind daher zu vermeiden.

Jungtiere im Alter von vier Wochen, bereit, die Welt zu erkunden
Foto: C. Koch

Die Jungen sind vier Stunden alt, trocken und beim ersten Säugen. Foto: C. Koch

Aufzucht und Entwicklung der Jungtiere

Wenn Meerschweinchen geboren werden, sind ihre Augen bereits geöffnet und das Milchzahngebiss wurde schon im Mutterleib gegen das Bleibende gewechselt. Wenige Minuten bis Stunden nach der Geburt laufen die Kleinen der Mutter hinterher und beginnen an fester Nahrung zu lutschen. Das Familienleben mit anzusehen, ist eines der schönsten Erlebnisse. Die Meerschweinchenfamilie kommuniziert ständig durch verschiedene Laute, die der Gruppenzusammengehörigkeit dienen. Meerschweinchenmütter haben nur zwei Zitzen, die an den Innenschenkeln der Hinterbeine liegen. Da die Jungen schon sehr früh mit der Aufnahme fester Nahrung beginnen, gibt es auch bei mehr als zwei Jungen selten Streit um die Milchquellen. Die Jungen werden in der Regel im Sitzen gesäugt. Hat die Mutter nur ein Junges, kann es

Von den Eltern lernen Jungtiere Fressbares kennen.
Foto: C. Koch

auch sein, dass sie sich beim Säugen hinlegt. Haben Sie mehrere Weibchen, die zur gleichen Zeit Junge haben, können Sie beobachten, dass die Jungen nicht nur bei der eigenen Mutter säugen. Die Kleinen bedienen sich bei allen Milch gebenden Tieren. Auch wenn sie früh feste Nahrung zu sich nehmen, sollte Meerschweinchenjungen die nahrhafte Muttermilch zur Verfügung stehen. Kontrollieren Sie regelmäßig das Gewicht der Jungen!

Meerschweinchen wachsen in den ersten Lebenswochen sehr schnell. In den ersten 4 Wochen nehmen junge Meerschweinchen ca. 150 g zu, in Abhängigkeit von Wurfgröße und Geburtsgewicht sogar bis zu 250 g. Damit verdreifachen Meerschweinchenjunge ihr Geburtsgewicht innerhalb des ersten Lebensmonats. Von der Mutter und anderen Gruppenmitgliedern lernen sie Fressbares kennen, die Trinkflasche zu benutzen und festigen ihr Sozialverhalten. Kleine Böckchen üben das typische Paarungsverhalten oft schon im Alter von 2 Wochen. Das ist kein Zeichen für Geschlechtsreife. Viele Halter und Züchter machen den Fehler, die jungen Böckchen schon dann von den Müttern zu trennen. Dies sollte jedoch frühestens im Alter von 4 Wochen erfolgen. Viel länger sollten Sie auch nicht warten, da die kleinen Männchen schon mit 6 Wochen geschlechtsreif werden können. Möchten Sie die jungen Meerschweinchen abgeben, ist im Alter von 4 Wochen der Tag gekommen, an dem die Tiere die Reise in ihr neues Zuhause antreten können.

Das Jungtier ist zwei Tage alt. Das Putzverhalten ist angeboren und wird vom ersten Tag an praktiziert.
Foto: C. Koch

Weitere Informationen

Zur Vertiefung der in diesem Buch gegebenen Informationen und zum weiteren Einblick in Kleinsäuger-Themenbereiche empfehlen sich die Mitgliedschaft in einem Verein gleich gesinnter Tierfreunde sowie ein intensives Literaturstudium. Die folgenden Auflistungen sollen dabei behilflich sein, einen Einstieg in die Thematik zu finden, können aber natürlich nur einen kleinen Ausschnitt aufzeigen.

Ämter

Bundesamt für Naturschutz (BfN)
Internet: www.bfn.de
Für Artenschutz-Fragen: www.wisia.de

Bundesministerium für Umwelt, Naturschutz, nukleare Sicherheit und Verbraucherschutz
www.bmuv.de/

Vereinigungen

Meerschweinchenfreunde Deutschland (MFD) Bundesverband Deutschland e.V.
Internet: www.meerschweinchenfreunde.de

Notmeerschweinchen.de e.V.
Internet: www.notmeerschweinchen.de

Bundesarbeitsgruppe (BAG) Kleinsäuger e.V.
Internet: www.bag-kleinsaeuger.de
Herausgeber der „BAG Mitteilungen"

Bundesverband für fachgerechten Natur- und Artenschutz e. V. (BNA)
Internet: www.bna-ev.de

Tierärztliche Vereinigung für Tierschutz (TVT)
Internet: www.tierschutz-tvt.de

Deutsche Gesellschaft für Säugetierkunde
Internet: www.mammalian-biology.de
Herausgeber der „Mammalian Biology"

Zeitschriften

Meerschweinchen-News
Verbandsorgan des Vereins der Meerschweinchenfreunde Deutschland (MFD) Bundesverband Deutschland e.V.
Internet: www.meerschweinchenfreunde.de

Geben Sie Grünfutter im Frühjahr in kleinen Portionen, um Verdauungsproblemen vorzubeugen.
Foto: C. Koch

Meerschweinchen sind soziale Gruppentiere. Foto: C. Koch

Weiterführende und verwendete Literatur

Cooper, G. & A.L. Schiller (1975): Anatomy of the Guinea Pig. – Harvard University Press.

Ehrlich, C. & S. Tooson (2008): Leben mit Meerschweinchen. – Natur und Tier - Verlag, Münster.

Ewringmann, A. (2001): Meerschweinchen: Knochenkrankheit durch Gendefekt? – RODENTIA 1(2): 63–65.

Ewringmann, A. & B. Glöckner (2005): Leitsymptome bei Meerschweinchen, Chinchilla und Degu. – Enke-Verlag, Stuttgart.

Jordan, J. (2006): Untersuchungen zur Osteodystrophia fibrosa beim Hausmeerschweinchen (*Cavia aperea* f. *porcellus*) der Züchtung „satin“. – Freie Universität Berlin.

Koch, C. (2006): Meerschweinchen ohne Haar – Baldwins und Skinnys sind im Ausland „normale“ Rassen. – RODENTIA 6(2): 38–40.

Prust, G. (1996): Meerschweinchen. – bede-Verlag, Ruhmannsfelden.

Tooson, S. & M. Fehr & C. Koch & C. Ehrlich (2005): Geburtsprobleme bei Meerschweinchen: Wenn aus dem schönen Moment ein Notfall wird. – RODENTIA 5(3): 28–30.

Bücher für Ihr Hobby

Dieser Ratgeber zeigt Ihnen, wie Sie Ihre Meerschweinchen artgerecht unterbringen, beschäftigen und fit halten können. Er liefert alle Basisinformationen und an vielen Stellen zusätzlich weiterführende Expertentipps.

Leben mit Meerschweinchen

Sigrid Toosen & Christian Ehrlich

184 Seiten
206 Farbfotos
Format 16,8 x 21,8 cm
Softcover

ISBN 978-3-937285-54-2
19,80 €

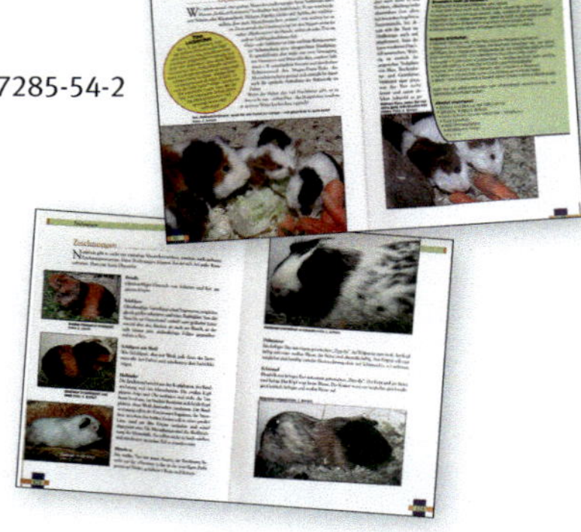

Leben mit Kaninchen

C. Wilde

184 Seiten
zahlreiche Farbfotos
Format: 16,8 x 21,8 cm
Softcover
ISBN 978-3-86659-071-7
19,80 €

Leben mit Chinchillas

T. Jonca

256 Seiten
190 Farbfotos
Format: 16,8 x 21,8 cm
Softcover
ISBN 978-3-86659-095-3
19,80 €

Natur und Tier - Verlag GmbH
An der Kleimannbrücke 39/41 · 48157 Münster
Telefon: 0251 - 13339-0 · Fax: 0251 - 13339-33
E-Mail: verlag@ms-verlag.de

www.ms-verlag.de

Bücher für Ihr Hobby

Kleinsäuger im Terrarium
C. Ehrlich

144 Seiten
zahlreiche Farbfotos
Format: 16,8 x 21,8 cm
Softcover
ISBN 978-3-86659-498-2

29,80 €

Degus
S. Gumnior

80 Seiten
88 Farbfotos
Format: 16,8 x 21,8 cm
Softcover
ISBN 978-3-937285-53-5

19,80 €

Zwerghamster
S. Honigs

88 Seiten
94 Farbfotos, 3 Grafiken
Format: 16,8 x 21,8 cm
Softcover
ISBN 978-3-86659-159-2

19,80 €

Präriehunde
C. Ehrlich

112 Seiten
138 Farbfotos, 6 Grafiken
Format: 16,8 x 21,8 cm
Softcover
ISBN 978-3-931587-97-0

29,80 €

Stachelmäuse
S. Honigs

80 Seiten
82 Farbfotos
Format: 16,8 x 21,8 cm
Softcover
ISBN 978-3-86659-040-3

19,80 €

Steppenlemminge
R. Sistermann

80 Seiten
104 Farbfotos, 1 Grafik
Format: 16,8 x 21,8 cm
Softcover
ISBN 978-3-937285-60-3

19,80 €

Natur und Tier - Verlag GmbH
An der Kleimannbrücke 39/41 · 48157 Münster
Telefon: 0251 - 13339-0 · Fax: 0251 - 13339-33
E-Mail: verlag@ms-verlag.de

www.ms-verlag.de